도시재생의 현황과 방향

영월 도시재생사업의 미래

김학조 · 권종욱 · 허지현

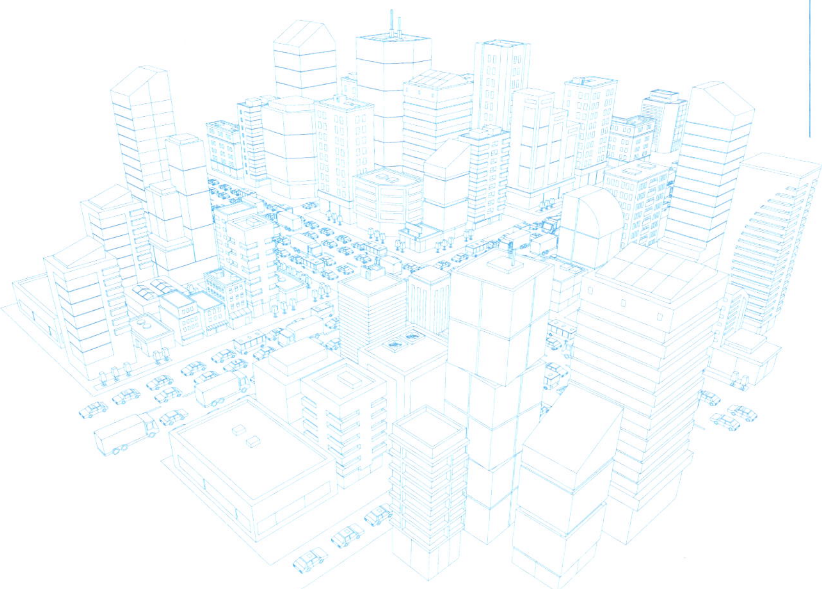

도서출판 청람

PREFACE

머리말

현재 정부는 도시재생사업을 진행하고 있지만 여전히 도시재생의 다양한 사업을 운영하는 과정에서 많은 갈등과 어려움을 겪고 있다. 현재 도시재생에 대한 많은 저술이 출간되고 있지만 도시재생과정에서 발생할 수 있는 다양한 애로사항이나 갈등 그리고 어려움에 대해 체계적으로 다루는 저서는 많지 않은 점을 안타깝게 생각해 왔다.

저자가 오랫동안 영월 도시재생센터장으로서 도시재생 관련 이슈를 현장에서 다루고 해결하는 과정에서 한국의 도시재생이 장기적으로 성공하기 위해서는 현재 운영 중인 도시재생의 주요 논쟁을 이론적으로 깊게 분석하고 정리할 필요성을 느껴왔다. 이러한 논쟁을 바탕으로 장기적인 관점에서 영월 도시재생의 미래를 어떻게 운영할지에 대한 고민에서 본 저서를 기획하게 되었다.

본 저서는 도시재생 관련 다양한 논쟁 중에서 논쟁의 성격에 따라 구분하였다. 우선 일자리 창출, 사회적기업, 컬처노믹스는 경제 관련 논쟁으로 분류하였다. 주민참여, 갈등관리, 도시재생 모니터링 지표, 장소성, 젠트리피케이션, 지속가능 도시재생은 사회 관련 논쟁으로 구분하여 정리하였다. 이러한 핵심 이슈들에 대한 체계적인 분석과 교훈을 정리하지 않고서는 장기적인 관점에서의 효과적인 도시재생 운영은 많은 어려움이 예상된다. 하지만 이러한 내용을 통합적으로 정리한 연구는 별로 없다.

따라서 본 저서는 도시재생의 국내외 풍부한 사례와 더불어 도시재생 관련 주제를 포괄적으로 포함하는 전문성 있는 도서의 출간을 목적으로 한다. 이러한 노력하에 정부의 장기적인 관점에서 도시재생의 운영에 필요한 핵심적인 장애와 이슈들을 정리함과 동시에, 기존의 영월 특성에 부합하고 미래지향적인 도시재생 발전방안을 제시할 수 있도록 하였다. 또한 영월의 도시재생사업의 전문성을 강화하여 대외 인지도를 높이는 데 도움이 될 것으로 기대한다.

2022년 12월

영월도시재생센터

저자들 씀

CONTENTS

차 례

3부 도시재생 사회 관련 논쟁

표차례

그림차례

1부

도시재생의 개념과 사례

1장 도시재생의 개념과 의의

2장 국내외 도시재생 사례

1장 도시재생의 개념과 의의[1]

신도시 및 신시가지 개발 위주의 압축적 도시개발 정책을 펼쳐온 국내에서는 최근의 저출산, 인구 고령화, 도시의 인구 유출을 비롯하여 도심 내 구시가지의 교통, 문화시설, 생활시설, 교육시설 및 복지시설의 기능이 약화되어 왔다(김준연 · 남영우, 2012).

이러한 상황에서 도시재생은 인구의 감소, 산업구조의 변화, 도시의 무분별한 확장, 주거환경의 노후화 등으로 쇠퇴하는 도시를 지역역량의 강화, 새로운 기능의 도입 · 창출 및 지역자원의 활용을 통하여 경제적 · 사회적 · 물리적 · 환경적으로 활성화시키는 것을 의미한다(도시재생 활성화 및 지원에 관한 특별법 제2조). 즉 도시재생은 급격한 도시화에 따른 도시 쇠퇴(Urban Decline)와 도시 수축(Urban Shrinking)이 발생한 도시를 재구축하여 활성화를 추진하는 데 있다.[2]

국내의 도시재생은 이처럼 쇠퇴한 지역의 활성화를 위한 계획으로 잘 알려져 왔으나 그 개념은 시대에 따라 의미 및 범위가 점차 변화하여 왔다.

도시재생은 1960년대 재건축 개념에서 지역 활성화, 재개발을 거쳐 최근

1 본 장은 김준연 · 남영우(2012)를 주로 참조하여 작성되었다.

2 도시 쇠퇴와 도시 수축은 그 의미가 비슷하나 다음과 같은 차이점이 있다. 도시 쇠퇴는 도시의 쇠퇴한 현상 자체를 설명하는 데 활용되나 도시 수축은 도시 쇠퇴에 따른 부가적인 현상을 설명한다(서준교, 2014).

의 도시재생에 이르렀으며, 시간에 따라 주요한 전략과 사회적 · 경제적 목적이 상이하다(김준연 · 남영우, 2012). 정책 면에서 살펴본다면 도시재생은 정부주도 마스터플랜의 주거지 및 생활수준 개선에서 낙후된 구도심으로, 민간 중심의 종합적인 정책으로 변화하여 왔다. 또한 공간적 측면에서 본다면 도시재생은 일반 환경 조경사업에서 대규모 재건축으로, 지역 고유의 문화적 유산을 대상으로 변화하여 왔다. 사회적 측면에서 본다면 도시재생은 초기 생활수준 개선 목적에서 점차 사회복지 개선으로, 이후 커뮤니티 중심으로 변화하여 왔다. 이러한 변화는 최근의 우리동네살리기 및 지역공동체 활성화와 연관성이 있다고 할 수 있다. 이러한 일련의 변화는 결국 도시의 물리적 변화에서 최근의 지속가능한 재생을 위한 도시재생 타깃(target) 지역 고유의 특성을 살린 목적으로의 개념 변화를 불러일으킨 것으로 생각된다.

국내의 도시재생사업 본격화는 국토부의 건설교통 R&D 로드맵에 따라 국가 미래 신성장동력산업 과제의 분야로 채택되며 대중화되었으며(박선미, 2022), 도시와 국가의 경쟁력을 높이고 쇠퇴한 도시를 살리기 위한 필요성에 따라 수행되고 있다(도시재생종합정보체계, 2022).

기존의 도시재생사업은 대규모 철거 또는 정비형태의 계발사업이었으나, 도시재생 뉴딜사업은 지역주도의 방식으로 지역 내 소규모 중심의 사업으로 주민역량 강화형 사업으로 변화하였다.

표 1-1 도시재생 개념 변화

구분	재건축	지역 활성화	재개발	재개발	도시재생	도시재생
시기	1960년대	1960년대	1970년대	1980년대	1990년대 이후	2000년대 이후
주요 전략	마스터플랜에 따른 도시노후지역 재건축, 교외지역 성장	기존의 기조 유지, 교외지역 개발	근린단위계획에 관심, 주변 개발	대규모 재개발, 프로젝트	종합적인 정책 수행	낙후된 도심 중심의 도시 활성화
주요 이해 관계자	중앙 및 지방정부, 민간 개발업자	공공과 민간 균형	민간역할 강화	민간 및 특별정부, 파트너십 성장	파트너십 중심	주민참여
경제 측면	공공부문 및 일부 민간부문 투자	민간투자 부문 확대	민간투자 성장	선별적 공공자금을 받은 민간 주도	공공, 민간, 자발적인 기금	공공과 민간의 결합
사회 측면	생활수준 개선	사회복지 촉진	커뮤니티 위주	커뮤니티 자활	커뮤니티 역할 강조	커뮤니티 중심
환경 측면	경관사업	선별적 개선	혁신사업(일부)을 통한 환경개선	환경에 대한 관심 증가	환경 지속성 개념 도입	지속가능한 발전 및 환경친화적 발전 도모
물리적 강조	내부지역 복원, 주변지역 개발	기존의 기조 유지, 기존 도심지역 재건	노후화된 도시의 재개발	대규모 재개발 및 프로젝트	신중한 종합개발계획, 문화유산 및 자원 보전	각 지역의 정체성 유지 및 자원 인식

자료: 김준연 · 남연우(2012) 재인용

| 그림 1-1 | 도시재생사업과 도시재생 뉴딜 비교

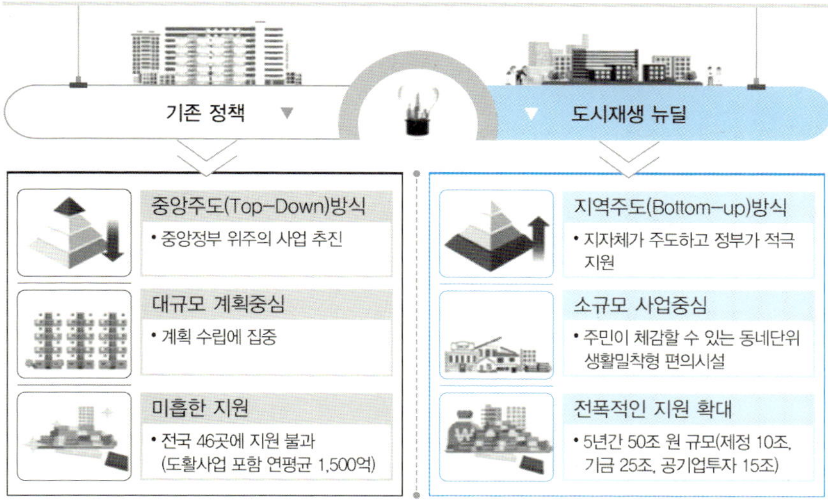

자료: 도시재생종합정보체계

도시재생사업이 본격화됨으로써「도시재생 활성화 및 지원에 관한 특별법(도시재생법)」 개정과 함께,「도시재생사업기획단의 구성 및 운영에 관한 규정」이 마련되었으며, 시 · 도별 자치법규 마련을 통해 사업 수행을 위한 근거 및 권한이 마련되었다. 이외에도 행정규칙인「상생협약 표준 고시」를 제정하여 도시재생을 통한 지역 활성화와 다양한 이해관계자의 상생발전을 위해 체결하는 상생협약에 관한 표준적인 내용을 정하게 되었다(상생협약 표준 고시 제1조). 또한「특별재생지역의 지정을 위한 피해금액 기준」을 제정하여, 특별재생지역 지정을 위한 피해금액 기준을 정하였다(특별재생지역의 지정을 위한 피해금액 기준 제1조). 도시재생 관련법의 제정을 통해 도시재생사업의 지원기반을 마련하여 도시재생사업이 가지는 중요성은 점차 커졌다고 할 수 있다.

도시재생 대상지는 관련 법인 도시재생 활성화 및 지원에 관한 특별법에 따라, 인구 · 사업체 감소 및 생활환경의 악화와 관련된 지표를 기준으로 선정된다. 도시재생의 대상 지역은 도시 쇠퇴와 수축의 원인이 서로 다르고 지역이 추진하는 재생의 방법 또한 상이하기 때문에 도시재생의 과정과 결과 또한 상이하게 나타날 수 있다(이수빈 · 오동훈, 2015). 특히 최근의 도시재생사업은 재건축이나 재개발 같은 건축물 대상이 아닌 도시 전체의 재생 영역으로 확대하여 바라보아야 한다(이정동 · 김영 · 홍성실, 2017). 이는 국내에서 그동안 수행되었던 급격한 도시개발로 인한 도시 외곽의 지속적 확장과 달리 도시의 중심은 쇠퇴가 진행됨에 따라 어느 일부 지역의 환경개선 목적으로만 진행되기보다는 경제 및 도시의 활성화를 목적으로 추진되어야 할 필요성(이수빈 · 오동훈, 2015)이 있기 때문이다.

도시재생의 범위는 도시재생 활성화 대상 지역에서 도시재생 활성화 계획에 따라 시행하는 사업(도시재생 활성화 및 지원에 관한 특별법 제2조)이 있다.

- 고유 사업
  - 국가 차원에서 지역발전 및 도시재생을 위하여 추진하는 일련의 사업
  - 지방자치단체가 지역발전 및 도시재생을 위하여 추진하는 일련의 사업
  - 주민 제안에 따라 해당 지역의 물리적 · 사회적 · 인적 자원을 활용함으로써 공동체를 활성화하는 사업
- 타 법과 연계된 사업
  - 「도시 및 주거환경정비법」에 따른 정비사업 및 「도시재정비 촉진을 위한 특별법」에 따른 재정비촉진사업
  - 「도시개발법」에 따른 도시개발사업 및 「역세권의 개발 및 이용에 관

한 법률」에 따른 역세권개발사업

-「산업입지 및 개발에 관한 법률」에 따른 산업단지개발사업 및 산업단지 재생사업

-「항만 재개발 및 주변지역 발전에 관한 법률」에 따른 항만재개발사업

-「전통시장 및 상점가 육성을 위한 특별법」에 따른 상권활성화사업 및 시장정비사업

-「국토의 계획 및 이용에 관한 법률」에 따른 도시 · 군계획시설사업 및 시범도시(시범지구 및 시범단지를 포함한다) 지정에 따른 사업

-「경관법」에 따른 경관사업

-「빈집 및 소규모주택 정비에 관한 특례법」에 따른 빈집정비사업 및 소규모주택정비사업

-「공공주택 특별법」에 따른 공공주택사업

-「민간임대주택에 관한 특별법」에 따른 공공지원민간임대주택 공급에 관한 사업

- 그 밖의 사업

  - 그 밖에 도시재생에 필요한 사업으로서 대통령령으로 정하는 사업

이외에도 도시재생의 범위는 혁신지구에서 혁신지구 계획 및 시행계획에 따라 시행하는 사업, 도시재생전략계획이 수립된 지역에서 도시재생 활성화 지역과 연계하여 시행할 필요가 있다고 인정하는 사업(도시재생 활성화 및 지원에 관한 특별법 제2조)이 있다.

도시재생사업의 관점에서 보자면, 도시재생의 추진은 국가 기본계획단계에서 전략계획단계를 거쳐 활성화 계획단계를 통해 시행된다. 도시재생사업은 관련 법(도시재생 활성화 및 지원에 관한 특별법)의 제정 이후 다양

한 유형별 사업이 수행되어 왔다. 국내 도시재생의 사업별 유형은 경제기반형, 중심시가지형, 일반근린형, 주거지지원형, 우리동네살리기로 구분하여 시행되었다. 이를 통해 도시재생사업은 지역 경제와 주민 · 상권 활성화 목표에서 지역 생활 인프라 개선, 주거지 여건 개선까지 다양한 분야에서의 도시재생을 지원하는 사업으로 변화하였다(도시재생종합정보체계).

도시재생은 특성에 따라 사회적, 문화적 물리적, 경제적 도시재생사업으로 구분할 수 있다. 사회적 사업은 도시 이미지 확립, 주민역량 강화, 도시 거버넌스를 추진하고 문화적 사업은 문화관광 활성화, 물리적 사업은 도시 공간 및 기반시설 조성과 거주환경개선, 경제적 사업은 일자리 창출과 경제 효과 · 지역 상권 등의 활성화를 추진한다(조광호, 2017).

또한 도시재생은 도시의 기반시설 구축 및 정비에 해당하는 하드웨어와 지역의 다양한 프로그램, 거버넌스 구축의 소프트웨어 사업으로도 구분할 수 있다. 하드웨어는 물리적인 개념으로 주민의 편의를 위한 공간을 구성하고 환경개선의 목적을 가지고 있으며, 소프트웨어는 이와는 반대되는 개념으로 지역 활성화를 위한 계획, 프로그램, 주민 대상 교육과 거버넌스 구축의 목적이 있다고 할 수 있다(박혜성 · 김주연, 2021).

- 하드웨어에 속한 도시재생은 공원 조성, 녹화사업, 주차장 등 공간을 구성하거나 도로 정비사업 등의 물리적 환경개선에 집중한다.
- 소프트웨어에 속한 도시재생은 지역의 내재적인 역량을 구축하는 데 집중한다. 예를 들어, 지역 축제 개최와 지역의 문화 및 경제적인 활성화를 위한 프로그램, 주민 대상 역량 강화 교육, 지역공동체 활성화, 도시재생 활성화 계획 등이다.

그림 1-2 도시재생 추진체계

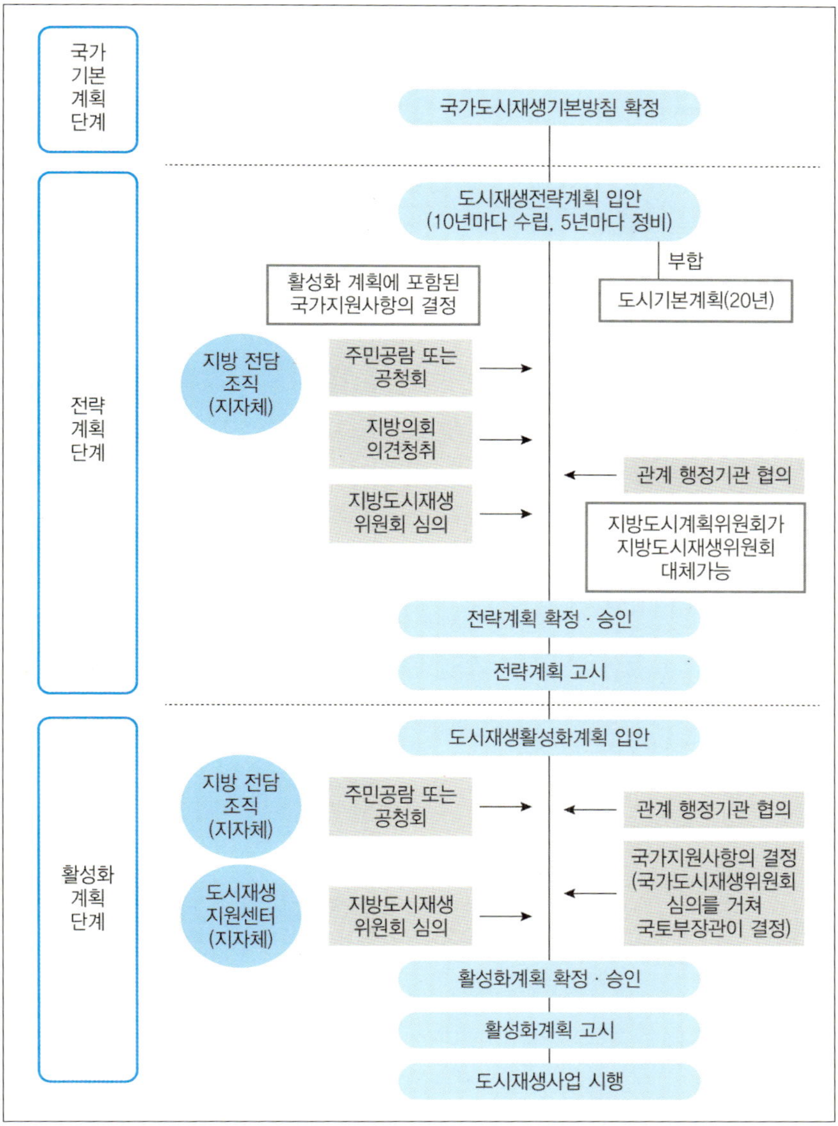

자료: 도시재생종합정보체계

도시재생사업 추진단계는 국가 기본계획단계를 거쳐 전략계획, 활성화 계획단계에 이르러 시행된다. 국가도시재생 기본방침이 확정되면 전략계획과 활성화 계획에서 각 단계별로 지역주민 대상으로 한 의견청취, 공청회, 위원회 심의와 관계 기관 협의의 단계를 거치게 된다.

도시재생사업을 극대화하기 위한 국토부의 도시재생 기본방침에서 각 주체별(주민, 지방자치단체, 국가, 민간투자자와 기업, 도시재생기구 및 도시재생지원센터 역할을 구분하여 효율적으로 사업을 운영하는 기반을 마련하였다. 또한 국가가 중점적으로 시행해야 할 도시재생 시책으로 국토부에서는 패러다임 전환, 재정 지원 확대, 민간활력 유입을 위한 금융 지원과 규제완화, 지역역량 강화 및 공동체 활성화 시책을 마련하였다.

이처럼 국내에서 도시재생은 지역특성에 맞는 도시의 기능을 활성화하는 데 중점을 두고 추진되고 있다.

참조문헌

김준연 · 남영우. (2012). 도시재생사업의 국내 · 외 사례분석을 통한 방향성 제고에 대한 연구. **한국공간디자인학회 논문집**, 7(3), 167-176.

박선미. (2022). 원도심쇠퇴형: 영도구 도시재생 일자리 사례, **지방소멸 위기 극복을 위한 지역 일자리 사례와 모델**. 한국고용정보원 기본연구 2021-12.

박혜성 · 김주연. (2021). 도시재생활성화계획 분석에 따른 도시재생 사업 유형 분석 연구 - 서울시 일반 근린형 도시재생사업을 중심으로 -. **한국공간디자인학회 논문집**, 16(1), 223-232.

서준교. (2014). 도시쇠퇴(urban decline)와 수축(shrinkage)의 원인과 대응전략 연구 - 리버풀(Liverpool)과 라이프치히(Leipzig)의 사례를 중심으로 -. **한국지방자치학회보**, 26(1), 97-115.

이수빈 · 오동훈. (2015). 도시마케팅 관점에서 본 해외 도시재생 사례의 유형화 연구. 한국도시행정학회 2015 하반기 학술대회.

이정동 · 김영 · 홍성실. (2017). AHP분석을 통한 도시재생사업 평가지표 연구 - 도시재생선도지역 사업을 대상으로 -. **주거환경**, 15(3), 333-348.

조광호. (2017). 도시재생에서 역사문화콘텐츠 활용의 쟁점 및 정책지원방안 연구. 한국문화관광연구원, **정책연구** 2017-13.

도시재생종합정보체계 (https://www.city.go.kr/index.do)

국토교통부 홈페이지 (http://www.molit.go.kr/portal.do)

2장 국내외 도시재생 사례

미국, 독일, 영국, 일본 및 프랑스의 68개 사례 연구에서 이수빈 · 오동훈(2015)은 낙후된 지역의 다양한 시설(공장, 농장, 발전소, 선착장, 쓰레기처리장, 유휴지, 유흥지, 주거시설, 주차장, 창고, 철도역)을 문화요소를 활용하여 재개발한 도시재생의 사례로서 분석하였다.[1] 이 연구에서 문화시설을 활용한 도시재생은 가장 많은 활용 용도이기도 하였으나, 지속가능한 개발의 관점에서 기존의 문화자원을 활용하여 도시 시민의 문화적 욕구를 충족시키고 도시 경제 활성화를 유발하는 요소이기도 하였다. 한정적인 도시공간과 도시가 가진 고유의 문화를 활용하는 실천적인 도시재생으로서, 지역 내 역사적 · 문화적 자원은 점차 중요해지고 있다(김영환, 2008).

이 장에서는 지역 고유문화를 활용한 지속가능한 도시재생에 집중한다. 이를 위해 국내외 도시재생의 사례 중 문화요소가 영향을 미친 지역을 선정하여 소개하고자 한다. 먼저 해외 선진국의 쇠퇴한 지역에서 가지고 있던 문화적 요소의 활용을 통한 성공적인 지역재생 사례를 통해 낙후된 지역의 도시재생사업에 미치는 파급효과를 생각해 볼 수 있다. 이후 국내 사례를

1 국가별 재생 용도 현황 연구에서 이수빈 · 오동훈(2015)은 미국, 독일, 영국, 일본, 프랑스의 사례별 분석 결과, 문화시설이 가장 많은 재생 용도로 활용되었음을 분석하였다. 문화시설 다음으로는 상업시설, 공원 및 녹지, 복합시설, 업무시설, 주거시설 순으로 활용되었음을 분석하였다.

통해 문화적 요소가 어떻게 지역의 활성화를 도모하였는지 확인하고자 한다. 또한 국내외 사례를 통해 도시재생을 위해서 문화를 하나의 전략으로 사용하여 지역 내 시민에게 문화생활을 영위할 수 있도록 하고 동시에 지역의 문화를 활용하여 경제적인 효과를 불러일으켜 도시의 활성화를 추진(이정연 · 김주연 · 김정욱, 2010)하는 근거를 살펴보도록 한다.

1. 해외 사례

1) 테이트 모던[2]

테이트 모던 미술관(Tate Modern Museum)은 문화요소가 영향을 미친 대표적인 도시재생 사례라고 할 수 있다. 도시의 원치 않는 건물에서 문화공간으로 탈바꿈한 테이트 모던은 지역 내 고유한 문화유산을 유지하면서도 새로운 문화 소비공간으로서의 역할을 구현하고 있다. 테이트 모던은 도시재생 프로젝트 이전 폐쇄된 화력발전소에서 현재는 영국 최대의 공립미술관(테이트 모던, 테이트 브리튼, 테이트 리버풀, 테이트 세인트 아이브스) 중 한 곳으로서 런던의 3대 관광 명소 중 한곳으로 변화하였다.

테이트 모던 미술관은 2000년대 템스 강변에 위치한 폐쇄된 화력발전소인 뱅크사이드(Bankside) 발전소를 리모델링하여 조성되었다. 뱅크사이드 발전소는 영국 템스강의 남동쪽에 위치해 있으며 1891년 가동이 중단된 후 방치되어 지역의 슬럼화에 큰 영향을 미치고 있었다. 이러한 공공시설은 대규모의 공간을 차지하고 있으며, 그 필요성에도 불구하고 원치 않는 공공시설이 되기도 한다(EOM and AN, 2018).

2 Stephen Murray(2019)의 연구를 주로 참조하여 작성되었다.

리모델링 이전 뱅크사이드 발전소가 위치한 서더크(Southwark) 자치구는 지역이 가지고 있던 산업기반이 쇠퇴하고 지역이 황폐해지며 경제적으로 낙후된 지역이었다(조연주, 2011). 뱅크사이드 지역은 쇠퇴 이전 부두, 창고 및 관련 무역과 산업이 있는 지역이었으나, 많은 건물은 지역이 쇠퇴함에 따라 버려졌으며 1981년 뱅크사이드 발전소 폐쇄에 따라 더욱 황폐해졌다(Murray, 2019). 또한 당시 뱅크사이드 발전소는 보존가치가 있는 건축물로서 인식되었으나 공식적으로 이 건축물을 보호하기 위한 절차는 도입되지 않았다.

그림 2-1 1985년 뱅크사이드 발전소

자료: Murray(2019) 재인용

1990년대 초반, 테이트 이사회(Tate Trustees)는 현대 컬렉션을 전시할 새로운 지역을 찾고 있었으며, 뱅크사이드 발전소는 이러한 새로운 미술관에 대한 테이트의 요구사항을 충족하는 지역이었다.

테이트 이사회는 런던에 현대 미술관을 조성하는 계획을 발표하였으며, 이를 위해 국제 공모를 유치하였다. 그 결과, 스위스의 건축가 헤르조그와 드 뫼롱(Jacques Herzog & Pierre de Meuron)이 선택되었으며, 기존의 뱅크사이드 발전소를 리모델링하여 테이트 모던 미술관을 개관하였다.[3] 테이트

그림 2-2 현재의 테이트 모던 미술관

자료: 테이트 미술관 공식 홈페이지

3 이들이 건축을 담당하게 된 주요한 이유는 기존 뱅크사이드 발전소 건물의 성격을 유지하는 것을 제안하였기 때문이다. 또한 이들은 테이트 모던 미술관 이전 이미 뮌헨의 Goetz Gallery, Ricola Europe Factory Building, 바젤의 Schüzenmattstrasse apartment building, Railway Engine Depot, Signal Box Auf dem Wolf 같은 널리 인정받는 건축물들의 디자인을 한 바 있다(테이트 모던, 2022. 10. 10. 접속)

모던 미술관은 템스강 남쪽의 도시재생에 목표를 둔 밀레니엄 프로젝트의 일환으로 계획되었으며, 테이트 모던 미술관뿐만 아니라 밀레니엄 브리지(Millenium Bridge), 런던 아이(London Eye) 등이 건설되었다(조연주, 2011).

테이트 모던 프로젝트는 지역의 주민 수뿐만 아니라 지역으로의 기업 이전, 그리고 기업 근로자 또한 증가하는 파급효과를 가져왔다. 인구 수 증가에 따른 새로운 커뮤니티 형성으로 이 지역에 새로운 카페, 상점, 레스토랑 등이 생겨나게 되는 등 지역의 인구와 상권이 변화하게 되는 배경으로서 자리하고 있다(Hyslop, 2014).

또한 테이트 모던 미술관에서는 무료입장 정책을 통해 기존 지역주민 활성화를 제공하고 있다. 또한 다양한 문화적 프로젝트인 도시계획, 커뮤니티 시네마, 사업개선지구, 여행계획, 도시 아트 페스티벌, 녹화(Greening) 프로젝트와 근린계획(Neighbourhood Planning) 등을 통해서 지역주민들간 요구를 균형 있게 유지하여 도시 변화를 일으켰다(Hyslop, 2014).

현재 테이트 모던 미술관은 무료입장이 가능하며, 다양한 가족활동 및 참여활동을 지원하고 있다. 테이트 모던의 관광객은 2000년 개관 이후, 4,000만 명이 넘는 관광객이 방문하였으며, 런던에서 가장 유명한 랜드마크이자 사랑받는 미술관으로서 존재하게 되었다.

테이트 모던은 기존 뱅크사이드 발전소의 아르데코 양식의 건축학적 측면, 도시 지역주민의 참여 확대, 기존 건축물의 외형을 최대한 유지하는 방향으로의 리모델링을 통한 역사성 보존이라는 문화적 측면에서 도시재생을 이루어낸 대표적인 사례라고 할 수 있다.

2) 촐페라인 탄광 산업단지[4]

석탄 폐광에서 UNESCO 세계문화유산으로 등재된 촐페라인 탄광 산업단지(The Zollverein XII Coal Mine Industrial Complex)가 위치한 독일의 에센시는 과거 독일 산업 중심지인 루르(Ruhr) 공업지대의 중심 지역이다. 루르 공업지대는 풍부한 탄광지대를 바탕으로 제철공업과 석탄 광업이 발달된 유럽 1차 산업의 중심지로 19세기 및 20세기 주요한 공업단지라고 할 수 있다.

그러나 1950년대부터의 탈공업화로 인해 지역의 광업과 공업단지는 큰 타격을 받았으며 산업화 시기에 조성된 많은 기반시설들이 유휴화되고 방치된 탄광은 환경오염과 도시의 쇠퇴화를 불러일으켰다(신동호, 2014).

루르지역에서는 지역의 활성화를 위해 문화주도형 도시재생사업을 기획하고 실행하여 낙후된 지역을 2010년 유럽 문화 수도[5]로 탈바꿈하였다. 문화주도형 도시재생 개발로서 지역의 근대 역사를 고스란히 가지고 있는 산업유산인 건축물들을 재활용하므로 도시가 가진 문화적 이미지를 창출하는 전략(엠셔파크(Emscher Park) 프로젝트)을 구사하였다(홍종열 · 박치완, 2014). 대표적인 엠셔파크의 결과인 촐페라인 탄광 산업단지는 2010년 에센시가 유럽 문화 수도에 선정되는 것에도 큰 역할을 하였다(홍종열 · 박치완, 2014).

엠셔파크 프로젝트는 생태복원을 통해 환경문제를 해결하고, 황폐화된 산업구조물을 활용하고 중요한 전략이라고 할 수 있을 것이다. 촐페라인

4 이 장에서는 신동호(2014), 이영남(2019) 등의 연구를 주로 참조하여 작성되었다.

5 유럽 문화 수도 이니셔티브는 1985년부터 시행되었으며, 60개 이상의 도시가 지정되었다. 유럽 문화 수도는 선정된 유럽 도시에 문화 프로그램 지원을 주는 유럽연합의 이니셔티브로서 도시재생, 도시의 국제적 인지도 제고, 도시의 문화 활성화 및 관광 활성화 등을 기대할 수 있다(유럽연합위원회).

| 그림 2-3 | 유럽 문화 수도 로고

자료: 유럽연합위원회 홈페이지

탄광은 이러한 엠셔파크 프로젝트의 대표적인 결과라고 할 수 있다(홍종열 · 박치완, 2014). 주정부와 에센시는 촐페라인 탄광의 보존과 낙후된 도시 재활성화를 위해 탄광시설 일부를 구입하였으며 기존 건축물의 형태를 보존하여 리모델링 후 도시 역사 및 생활에 대해 견학 가능한 루르 박물관으로 개장하였다(이영남, 2019). 또한 촐페라인 탄광의 보일러실을 개조한 레드닷(Red Dot) 디자인 박물관은 현대 디자인 전시회가 개최되는 건축물로 변화하였다(촐페라인 공식 홈페이지).

촐페라인 탄광은 채탄광으로서 독일에서 가장 크고 오래된 탄광이라고 할 수 있으며, 이 중 수직 갱도인 샤프트 12는 건축 당시 첨단 기술과 최고의 건축 미학이 구축된 갱도이다(이영남, 2019). 현재 촐페라인 탄광 산업단지는 역사적인 탄광 현장으로서 코크스 공장, 철도 라인, 광부 주택, 복지시설, 광산 등은 현대 건축물의 주목할 만한 가치가 있는 곳으로 유명하다(유네스코). 또한 촐페라인 탄광의 샤프트 12(12번 갱도)는 건축가 프리츠 슈프(Fritz Schupp)와 마르틴 크레머(Martin Kemmer)가 바우하우스 양식으로 건축하였으며 중요한 가치를 가진 건축물로 손꼽힌다.[6]

그림 2-4 촐페라인 산업단지 위치

자료: 노르트라인 베스트팔렌 웹사이트

촐페라인 탄광 산업단지는 단지가 위치한 독일 노르트라인베스트팔렌주에서 1980년 산업 기념물로 지정하였으며, 이후 2001년 유네스코 세계 유산으로 등재되었다. 예술과 문화, 창작분야의 장소로 변화한 촐페라인 산업단지의 관광객은 연간 이백만 명에 달하며 루르지역의 구조적 변화를 상징한다(노르트라인베스트팔렌 관광청). 현재 촐페라인 탄광 산업단지에서는 '유산 트레일(Denkmalpfad)'을 통해 당시 광부들의 생활상과 광산시설, 코크스 공장을 안내하고 있다. 또한 주변에는 레드닷 디자인 박물관이 위치하고 있으며, 여름철 콘서트, 9월의 탄광 축제(Zechenfest), 현대미술 박람회 등이 개최되어 많은 관광객들을 유치하고 있다(노르트라인베스트팔렌 관광).

촐페라인 탄광 산업단지의 사례는 문화적 유산을 활용하여 지속적이고 다양한 문화 콘텐츠 생산과 황폐화된 도시지역을 활성화시키는 데 지역 문화유산이 어떠한 역할을 하였는지 확인할 수 있었다.

---

6 현대의 성당(Kathedrale der Moderne), 기술의 경이적인 작품(Wunderwerk der Technik)이라는 수식어로 잘 알려져 있다.

| 그림 2-5 | 루르 박물관 전경

자료: 루르 박물관 홈페이지

| 그림 2-6 | 촐페라인 샤프트 12

자료: 촐페라인 공식 홈페이지

2. 국내 사례

1) 문화적 요소와 도시재생

도시재생사업의 역사문화부문 109개 사례를 조사한 조광호(2017)의 연구에서 가장 활용 비중이 높은 유형은 지역 자산 활용공간 조성이었으며, 그 뒤를 이어 테마 관광루트 개발, 테마거리 조성, 교육 프로그램 등의 순으로 나타났다. 국내 역사문화 활용 도시재생은 일반적으로 지역에 보유한 역사문화자원을 활용한 공간 구성과 인프라 정비에 집중하는 것을 알 수 있다.

또한 조광호(2017)는 그의 연구에서 도시재생사업에서 역사문화요소는

표 2-1 | 국내 역사문화 활용 도시재생 현황

역사문화 활용 유형 구분	근린재생형 도시재생사업		계
	선도지역	일반지역	
관련 공간 신규 조성	0	4	4
기록 아카이브 조성	1	3	4
문화재 복원 및 보존	1	2	3
테마거리 조성	6	10	16
지역자산 활용공간 조성	10	17	27
관련 이벤트 개최	4	3	7
교육 프로그램 운영	4	6	10
테마 관광루트 개발	7	13	20
상업공간 운영	1	5	6
전문인력 양성	2	5	7
관련 단체활동 지원	1	4	5
계	38	71	109

자료: 조광호(2017) 재인용

일반적으로 활용, 재해석 및 활용, 신규 개발 유형이 복합적으로 도입되어 활용되고 있는 것으로 조사되었다.

2) 서울 동대문 디지털 플라자(DDP)

국내의 문화적 요소와 도시재생이 융합된 대표적인 사례는 서울 동대문 디지털 플라자(DDP)를 들 수 있다. 동대문 DDP는 역사적으로 다양한 의미를 보유한 지역으로서, DDP가 위치한 동대문의 역사문화적 배경에는 조선시대의 한양도성과 훈련도감의 구축 및 훼손, 해방 전후의 경성 운동장(동대문 운동장의 전신), 1990년대의 의류산업 도매상가의 구축을 들 수 있다(서울 정책 아카이브).

서울시에서는 2006년 도심재창조 종합계획을 수립하고, DDP는 복합문화축의 거점지역으로 지정되어 시설이 노후화된 동대문 운동장을 지역주민을 위한 공간으로 구축하고, 일부 부지를 활용하여 디자인과 패션산업의 문화산업을 위한 DDP 건립을 계획하였다. 이 사업은 동대문 DDP 개관, 한양도성 등의 역사문화재가 보존된 동대문 역사문화공원 조성, 지하공간 연

❙ 그림 2-7 ❙ 동대문 디지털 플라자(DDP) 전경

자료: 동대문 디지털 플라자 공식 홈페이지

| 그림 2-8 | 서울 도심 복합문화축 계획

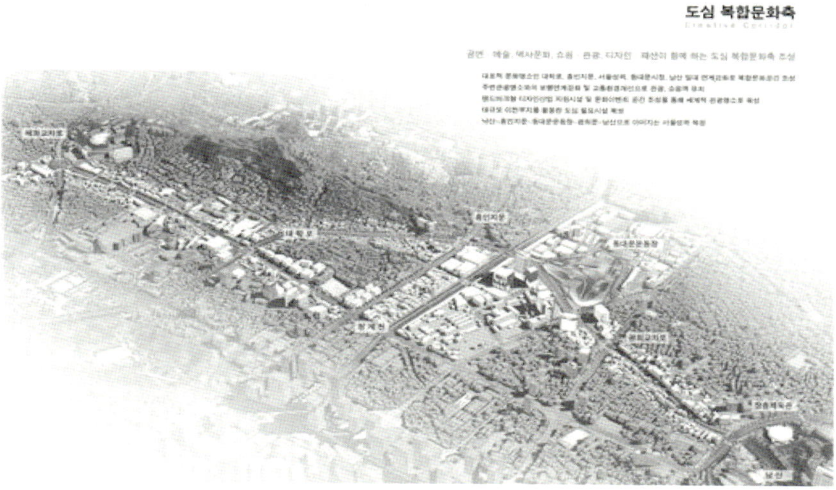

자료: 서울시 정책아카이브 홈페이지

계를 통한 지역 상권과 보행환경 개선의 효과를 가져왔다.

서울시 정책 아카이브에 따르면, 동대문 DDP 건설 이후 유동인구는 10% 이상 증가하고, 외국인 관광객도 지속적으로 증가된 것으로 나타났다.

3) 인천아트플랫폼

인천시 내항지역에 남아있는 개항기 근대건축물을 활용한 도시재생사업 또한 역사문화자원을 활용한 도시재생 사례로 볼 수 있다.

인천 중구 해안동은 개항기 근대건축물이 잘 보존된 지역으로, 건축학적 의미 및 역사문화적 의미가 깊은 건축물을 보유한 지역으로 볼 수 있다. 해당 지역은 연안 부두 이전과 물류기지의 이동으로 본래의 창고 용도가 아닌 다른 용도의 이용과 빈 건물이 증가되어 도심 슬럼화의 우려가 나타났다

| 그림 2-9 | 인천아트플랫폼 전경

자료: 인천아트플랫폼 공식 홈페이지

(최장림 · 이승환, 2009). 인천시는 구도심 활성화를 위한 도시재생사업의 일환으로 개항기 및 1930~1940년대 건축물을 리모델링하는 인천아트플랫폼 조성사업을 추진하였다. 도시재생사업 추진 결과, 이전 훼손되거나 사용이 중지된 건축물들은 창작스튜디오, 전시장, 공연장, 생활문화센터, 게스트하우스, 커뮤니티관 및 인천 생활문화센터 포함 13개 동으로 변화하였다(인천아트플랫폼, 2022). 인천시의 도시재생사업은 근대건축물을 복원 및 보존하여 활용하는 문화체험공간으로 실현되었다.

참조문헌

김영환. (2008). 수변공간 문화재생의 계획적 특징에 관한 연구－해외사례 고찰을 중심으로－. **대한건축학회 논문집－계획계**, 24(8) 통권 238호, 207-216.

신동호. (2014). 독일 루르지역의 지역재생정책: 추진과정과 성과에 대한 경로 이론적 접근. **한국경제지리학회지**, 17(1), 200-213.

이나영 · 안재섭. (2014). 문화적 도시재생전략의 사례 연구－서울 서촌을 중심으로－. **한국사진지리학회지**, 24(4), 109-122.

이수빈 · 오동훈. (2015). 도시마케팅 관점에서 본 해외 도시재생 사례의 유형화 연구. 한국도시행정학회 2015 하반기 학술대회.

이영남. (2019). 석탄과 제철이 남긴 문화유산: 루르지역의 산업문화－'산업문화 탐방로'를 중심으로－. **독일현대문학**, 53, 207-227.

이정연 · 김주연 · 김정욱. (2010). 도시 재생 측면에서 복합 상업 시설의 맥락적 접근 전략에 관한 연구: 중국 일본사례를 중심으로. **한국공간디자인학회 논문집**, 5(2), 통권 12호, 19-28.

조광호. (2017). 도시재생에서 역사문화콘텐츠 활용의 쟁점 및 정책지원방안 연구. 한국문화관광연구원, **정책연구** 2017-13.

조연주. (2011). 도시재생을 위한 유휴 산업시설의 컨버전 방법에 관한 연구: 문화공간으로 컨버전한 유럽의 사례를 중심으로. 한양대학교 대학원 석사학위 논문.

최강림 · 이승환. (2009). 역사문화환경을 활용한 도시재생계획 사례연구－인천시 구도심 '인천아트플랫폼'사업을 중심으로－. **대한국토 · 도시계획학회지－국토계획**, 44(2), 219-230.

홍종열 · 박치완. (2014). 산업유산을 활용한 독일의 유럽문화수도 에센 · 루르지역 연구. **문화산업연구**, 14(1), 25-32.

EOM JS, AN DW. (2018). Regeneration of Industrial Facilities into Cultural Facilities in Seoul: Studying Location Value. *Sustainability*. 10(12): 4778.

Hyslop, D. (2014). Museums can play a role in urban regeneration, British Council (https://www.britishcouncil.org/voices-magazine/museums-can-play-role-urban-regeneration)

Murray, S. (2021). The Evolution and Transformation of Bankside, London, 1947-2019. *Journal of Urban History*, 47(1), 68-84.

동대문 디지털 플라자 공식 홈페이지 (http://www.ddp.or.kr/)

서울 정책 아카이브 – 도시계획 (https://seoulsolution.kr/urbanplanning)

인천아트플랫폼 공식 홈페이지 (https://www.inartplatform.kr)

노르트라인베스트팔렌 관광청 (https://www.nrw-tourism.com/)

독일 루르 박물관 홈페이지 (https://ruhrmuseum.de/)

영국 테이트모던 미술관 홈페이지 (https://www.tate.org.uk/visit/tate-modern)

유럽연합위원회 홈페이지, 문화와 창의성 (https://culture.ec.europa.eu/)

촐페라인 공식 홈페이지 (https://www.zollverein.de/zollverein-unesco-world-heritage-site/)

Unesco World Heritage Convention 홈페이지 Zollverein (https://whc.unesco.org/en/list/975/)

2부

도시재생 경제 관련 논쟁

3장 도시재생과 일자리 창출

1. 도시재생 일자리 창출

1) 도시재생 일자리 특성[1]

도시의 활성화를 위한 인구 유입은 중요한 요소 중 하나라고 할 수 있을 것이다. 인구 감소는 국내 지자체에서 심각하게 나타나고 있는 현상으로, 한국고용정보원 분석에 따르면 현재 국내의 소멸 고위험 지자체는 45개이며 제조업 쇠퇴지역과 수도권 외곽으로 점차 확산하고 있는 것으로 나타났다.[2] 특히 군지역은 대부분 소멸 위험단계로 진입하였으며, 현재는 시지역 또한 소멸 위험단계로의 진입이 증가되고 있는 것으로 나타났다.[3]

1 도시재생 일자리 특성은 김정호(2013), 박선미(2022), 김갑성 외(2017)를 주로 참고하였다.

2 한국고용정보원 보도자료(2022. 4. 29.)에서는 국내 228개 시군구에서 113곳이 소멸위험지역으로 나타났으며 이는 전국의 약 절반인 49.6%의 지자체에 해당되어 지방 소멸 위기가 심각한 수준임을 보여주었다.

3 국가균형발전위원회 NABIS, 이슈 – 인구감소대응

▌그림 3-1▐ 국내 지방 소멸위기 추세

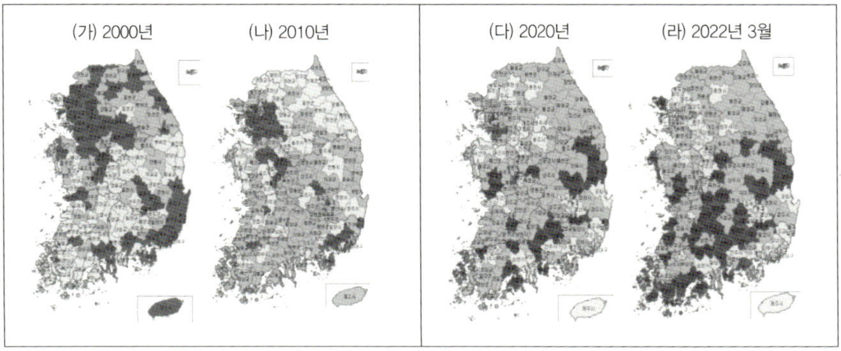

자료: 한국고용정보원 보도자료(2022) 재인용

김정호(2013)는 지역 제조업의 쇠퇴와 지속적인 청년층의 지역 유출, 도시의 공동화를 지방 소멸[4]의 주요한 원인으로 지적하였다. 본 장에서는 도시의 쇠퇴를 막고 지역의 양질의 일자리 창출 사례를 통한 지역 내 인구 유입을 위한 일자리 창출방안에 대해 고찰하고자 한다.

도시재생사업에 기반한 일자리는 다양하게 구분할 수 있으나, 본 장에서는 사업단계, 직 · 간접 일자리 및 분야로 구분하고자 한다.

인구 유출을 방지하고 인구 유입을 촉진하기 위해서는 단기 일자리보다는 도시재생사업을 통한 지속적인 일자리 창출에 초점을 맞출 필요가 있다. 도시재생 사업단계에 기반한 일자리는 물리적 환경 재생, 직접적인 재정 투입과 도시재생 인프라 중심의 일자리에 맞추어져 있다(박선미, 2022). 단발성 및 중장기 일자리는 도시재생 사업단계에서 기획, 자금 확보, 사업 집행과 유지관리에서도 확보가 가능하다. 특히 사업 집행단계에서 건축 관

4 지방 소멸은 일본 도쿄대학 마스다 히로야 교수의 저서 〈지방 소멸〉에서 나타난 개념으로 지역의 20~39세 여성 인구를 65세 이상 인구로 나눈 값을 의미한다(국가균형발전위원회 NABIS).

련 일자리가 생성될 가능성이 높으며, 유지관리와 기획단계에서 전문가 일자리가 창출 가능하다(김정호, 2013).

예 사업단계 기반 일자리 유형의 예 : 창업고용센터, 도시재생기업, 도시재생 활동가, 마을 안내인, 사회적기업 창업 등

또한 도시재생사업의 성격에 따라 창업과 기업을 유치함으로써 지속적인 양질의 일자리 창출을 기대할 수 있다(김정호, 2013). 예를 들어 문화유산을 이용한 도시재생은 그 자체로서 관광객 유치를 기대할 수 있으며 관광객 증가로 인한 일자리 창출이 발생할 수 있다. 또한 이전 장에서 소개한 영국의 사례처럼 문화적 요소를 활용한 지역 활성화가 인구 유입으로 이어져 지역 경제가 활성화될 수 있다.

분야에 기반한 일자리 창출은 공공분야와 민간분야, 사회경제적 분야로 구분할 수 있다.

예 분야에 기반한 일자리 창출의 예 : 도시재생 활동가와 전문가를 양성하는 공공분야, 도시재생 관련 지역 기업의 창업의 지역 및 민간분야, 마을기업과 지역재생회사의 사회적 경제분야에 따른 일자리

2) 도시재생과 양질의 일자리[5]

도시재생사업은 물리적인 환경개선사업을 통해 해당 사업지구로 기업을 유치하고, 창업 지원, 공동작업장 구축을 통해 일자리를 마련할 수 있다. 도시재생사업에서 양질의 일자리는 도시재생사업을 통해 지역주민에게 교육 프로그램을 제공하고 훈련 및 고용기회를 제공하여 지속가능한 안정적인 일자리를 제공하는 것으로 볼 수 있다.

5 양질의 일자리 창출에 관한 내용은 임상연 외(2020) 연구를 주로 참조하여 작성되었다.

지속적인 도시재생 일자리 창출에 대해 김재현 외(2018)의 연구에서는 인적, 사회적, 재무적, 생태적, 지속가능성 요인으로 구분하여 분석을 진행하였으며, 분석 결과 연계 프로그램이 가능한 도시재생사업을 추진하는 것이 단일 사업 추진보다 지속적인 일자리 창출에 효율적인 것으로 나타났다.[6] 이외에도 사후관리의 필요성 및 지역의 자원을 활용하는 것이 지속가능한 일자리 창출에 주요한 것으로 나타났다(김재현 외, 2018).

분명한 것은 도시재생사업으로 인한 고용유발효과는 직접효과와 간접효과 각각의 사례별로 분석할 필요성이 있다는 것이다. 서울시의 3개 도시재생사업으로 인한 고용창출효과 분석 결과, 10억 원 투자했을 때 19.49명의

표 3-1 | 도시재생사업의 고용창출효과

구분	분석방법
직접효과	• 직접적인 예산투입으로 발생하는 고용 • 유사 사례의 연면적, 사업비, 고용인원을 비교분석 • 관련 법률에 나타난 필수고용인원 및 관련 연구 기반 고용효과 창출
간접효과	• 도시재생활성화지역, 인근지역의 민간주도 개발사업으로 인해 발생하는 고용 • 유사 사례 비교분석, 관련 법률 분석
파급효과	• 건축물의 용도변경, 증축, 재건축으로 인해 발생하는 추가 인원 • GIS(Geographic Information System)를 활용
직 · 간접효과	• 건설단계에서의 직 · 간접효과 분석은 투입산출(Input–output) 모형 활용 • 한국은행 고용표 취업유발계수를 기반으로 한 모형 구축

자료: 김갑성 외(2017) 재인용

6 김재현 외(2018)의 연구에서 부산 영도구의 전수창업지원 프로그램과 영도구청과 한국해양대학교 산학협력단 공동 프로그램인 지역 · 산업 맞춤형 일자리 창출사업을 대상으로 SLEN(Sustainable Local Enterprise Network, 지속가능한 지역사업 네트워크) 모델을 활용하여 비교 · 분석하였다.

고용으로 나타났다(김갑성 외, 2017).[7] 도시재생사업의 고용효과는 각 지역별로 결과가 다르게 나타날 수 있으나 도시재생의 특성상 마중물 효과로 인하여 추가적인 민간투자로 이어져 더 큰 고용효과를 볼 수도 있다.

2. 도시재생을 통한 일자리 정책 현황

1) 도시재생 관련 정책

도시재생 관련 정책은 시행 시기에 따라 도시재생 선도 일반지역 정책과 도시재생 뉴딜사업 정책으로 구분할 수 있다.

- **도시재생 선도 일반지역 정책** : 재정 투입 기반의 공공 역할을 강조하는 정책으로, 도시재생의 물리적 환경개선사업에 따른 건설 일자리를 대표적인 예시로 들 수 있다. 또한 부동산 투자 촉진을 비롯한 민간참여 확대를 위한 정책이 포함된다.
- **도시재생 뉴딜사업 정책** : 기존의 정책과 유사하나 청년 및 창업 중심의 일자리 창출을 강조하며, 도시재생 로드맵을 통해 발굴된 사업과 기존의 정책 지원을 중심으로 한다.

그러나 도시재생의 일자리 정책 효과는 일부 사업에서 경제적 효과(신규 일자리 증가)가 나타나긴 하였으나, 실제로 대부분의 사업은 단발성 일자리나 계약직의 비율이 높아 양질의 일자리 고용 확대에 집중할 필요성이 있

7 이 연구에서는 경제기반형(서울역 일대), 중심시가지형(세운상가), 일반근린형(창신 · 숭인)의 도시재생사업을 분석하였으며, 예상 고용유발효과는 각각 54,228명, 34,074명, 391명으로 나타났다(김갑성 외, 2017).

다. 이에 일자리의 절대적인 양보다는 도시재생사업을 통해 지역주민의 고용, 지역 경제조직 창업 활성화 등의 방안이 필요하다.

또한 도시재생사업으로 인한 정책의 효과를 위해서는 현재 모니터링 및 일자리 창출을 위한 지표보다는 구체적인 일자리 정책성과 모니터링 시스템을 구축할 필요성이 있다. 예를 들어, 도시재생과 관련된 일자리는 기간이 한정되어 있어 이에 대한 이해가 필요하며, 정량적 지표보다는 정성적인 지표가 필요하고, 도시 특화 지표 개발, 사업 유형별 일자리 창출 지표 등이 필요하다. 이러한 도시재생사업형 일자리 지표는 사례 조사나 적절한 성과를 분석하는 데 활용하여 향후 정책방향에 도움이 될 수 있을 것이다.

2) 정책적 시사점

기존 도시재생사업 관련 정책에서 일자리는 쇠퇴지역과 구도심 활성화 목표에 따라 단기적이고 제한된 일자리에 집중하는 경향을 보였다. 예를 들어, 우리동네살리기, 주거지지원, 일반근린형 도시재생사업에서는 일자리 창출이 제한될 수밖에 없다.

기존의 정부 및 기관의 한시적인 재정 지원에 기반한 단발성 일자리는 안정적 고용과는 거리가 멀고, 자율적인 고용이 불가능해 고용의 질 또한 저하되는 효과가 나타났다. 또한 기존 도시재생 뉴딜사업은 청년 및 창업 창출과 관련된 정책에 집중하여 상대적으로 중장년을 비롯한 소외집단이 발생하고 공공부문에 집중하여 민간부문과 연계된 일자리에는 제한적이다.

표 3-2 도시재생을 통한 일자리 창출 정책의 현황과 과제

현황		과제
양적 일자리에 치중하다 보니 일자리 창출의 주요 사업 유형이 경제기반형에 집중	➡	주거재생형과 경제기반형의 일자리 양과 질의 검토기준을 달리하여, 사업 전유형에 대한 차별화된 정책 마련 필요
공공부문 및 재정 의존적 일자리 강조	➡	공공 지원이 필요한 일자리와 지역자립형 일자리 정책의 균형 필요
민간부문 조직형태의 일자리 창출방안과 연계 부족	➡	부처연계 및 지자체 지역 특성을 고려한 일자리 창출방안 필요
공간 제공 중심의 일자리 정책 추진	➡	공간 제공 이후 일자리 창출 프로그램 연계 부족
주요 창출분야(청년 등) 중심 일자리 강조	➡	주요 분야 소외집단을 고려하여 맞춤형 일자리 처방 필요

자료: 임상연 · 이진희 · 권규상 · 최정윤(2020) 재인용

3. 도시재생 일자리 창출 사례

1) 국내도시재생 일자리 창출 사례

지역별 특성을 활용한 도시재생을 통한 일자리 창출 사례 분석은 지역별 특성과 도시재생사업을 연계하여 지역 기업 창업과 전문가 양성을 통해 신규 일자리 창출 도모를 생각해 볼 수 있다.

박선미(2022)가 분석한 일자리 사례에서는 심각한 인구 고령화 지역인 부산에서 도시재생을 통한 일자리 창출 현황에 대해 설명하고 있다. 부산 영도구는 조선업의 중심지였으나 관련 산업의 쇠퇴로 인하여 지역경제에 타격을 받은 지역으로, 도시재생사업을 통해 일자리 구축 및 전통산업 활성화를 도모하여 일자리 창출을 도모하고 있다. 이 연구에서는 도시재생과

| 표 3-3 | 도시재생 일자리 사례

지역	주요 내용
부산 영도동 남항동	• 경제기반형 사업 • 수리조선 혁신을 통한 일자리 구축 • 주요 사업: 영도 뉴딜 수리조선대학, 중소형 수리조선업체 집적단지 조성, 수리조선협동조합 구축
부산 영도구 봉래1동	• 중심시가지형 사업 • 대통전수방 프로젝트를 통한 전통산업 활성화 • 주요 사업: 목포노포전수방, 창업실험방, 전통산업재생방 운영

자료: 박선미(2022)

일자리는 단순히 일자리 증가가 아니라 지역의 지속가능성에 목적을 두어야 함을 지적하고 있다.

즉 일자리 증가를 목표로 인프라를 구축하고 도시재생사업 이후의 일자리 창출을 지속적으로 수행해 나가기 위해 마을 기업을 활용하고, 지역 기업을 창업하여 신규 일자리를 지속적으로 창출하는 것을 의미한다.

2) 해외 도시재생 일자리 창출 사례

미국의 프라미스 존(Promise Zones)은 빈곤 퇴치와 주거개선 등을 목표로 한 연방정부의 지원 프로그램으로, 취약한 지역 활성화를 위해 경제활동과 일자리 성장, 교육 기회, 민간투자 활용 등을 추진한다.

프라미스 존 사업은 선정된 지역이 사업의 주도권을 가지고 지역사회 활성화를 위한 예산을 확보하고 추진한다. 또한 프라미스 존 지정 이후 10년간의 사업기간을 확보하여 장기적인 관점에서 사업을 진행한다. 사업은 주로 낙후된 지역에 집중되었으나 그 외의 지역에 대해서도 재활성화 목적 및 해당 지역의 고질적인 문제 해결을 위해서는 사업지역으로 선정될 수 있다. 프라미스 존을 통한 일자리는 다양한 직종에 걸쳐 정규직과 비정규직 등 여러 유형으로 나타날 것으로 보인다.

그림 3-2 미국 프라미스 존 현황

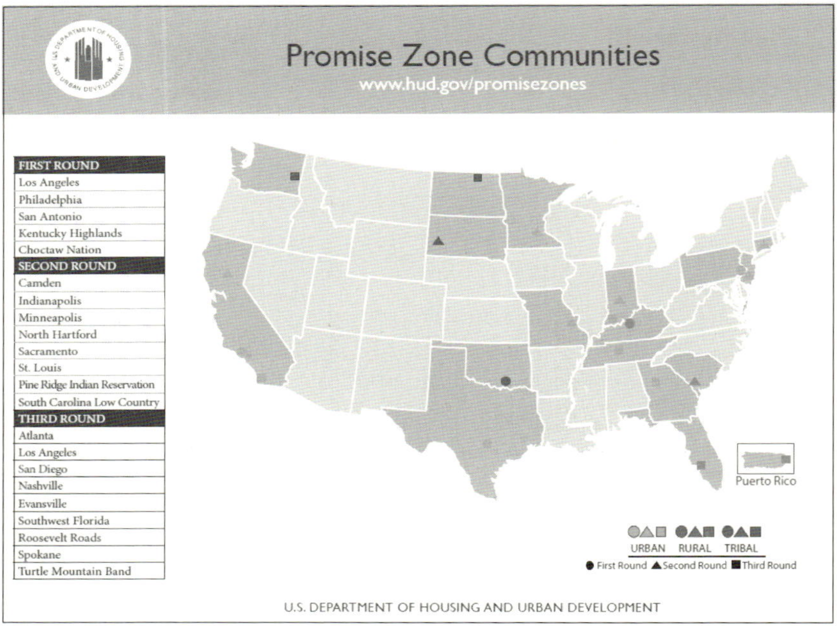

자료: 미국 주택도시개발부 홈페이지

4. 도시재생 일자리 창출방안

도시재생사업을 통한 일자리를 창출하기 위해서는 사업을 통해 직접적으로 발생하는 일자리뿐만 아니라, 주민과 지역 기업과의 연결, 지속적인 교육 프로그램 등의 일자리를 증가시킬 수 있는 방안을 모색해야 한다.

- 공공분야의 지원방안 : 도시재생 인재 발굴 및 양성을 목표로 하는 프로그램을 추진, 발굴된 인력 관리 및 매칭사업, 모니터링 등
- 사회경제적 분야 지원방안 : 도시재생사업이 수행되는 지역 내 사회경제적 조직을 대상으로 한 사업화 지원, 사업화 프로그램 개발 등
- 민간분야 : 민간기업 유치를 위한 환경 마련, 인센티브 등

또한 양질의 일자리 유지 및 창출을 위한 기관별 협력체계를 구축함으로써 일자리 현황 공유를 통해 기관 간 연계방안을 마련할 수 있을 것이다. 이외에도 관련 법의 일자리 모니터링 및 지원방안을 보완하여 정책적 지원을 할 필요성이 있다.

참조문헌

김갑성 · 유예진 · 서대현 · 노윤호 · 장승훈 · 박선영. (2017). 도시재생사업에 따른 고용창출효과 조사 분석. 연세대학교 산학협력단, 서울특별시.

김도년. (2018). 일자리를 창출하는 도시재생: 제조업의 회복과 메이커 스페이스. **도시문제**, 53(600), 36-39.

김재현 · 이명권 · 정원조 · 오광석. (2018). 해항도시의 지역산업을 활용한 일자리창출 사업의 실효성 비교고찰. **해항도시문화교섭학**, 18, 363-386.

김정호. (2013). 도시재생과 일자리 창출, **건설관리**, 14(1), KDI 정책연구원, 19-23.

김효경. (2016). 도시재생과 일자리 창출, 두 마리 토끼를 잡다 부산시의 도시재생 일자리 프로젝트: 마을이 일자리다. **도시문제**, 51(577), 8-11.

박선미. (2022). 원도심쇠퇴형: 영도구 도시재생 일자리 사례. **지방소멸 위기 극복을 위한 지역 일자리 사례와 모델**. 한국고용정보원 기본연구 2021-12.

윤주선 · 박성남. (2016). **도시재생사업 청년층 참여활성화 및 일자리 창출 지원 방안**. 세종: 건축도시공간연구소.

이왕건. (2009). 도시재생사업 활성화를 통한 일자리 창출방안. **국토**, 40-47.

임상연. (2017). 도시재생형 사회적경제 육성을 통한 일자리 창출 전략. **국토**, 433, 52-58.

임상연 · 이진희 · 권규상 · 최정윤. (2020). 일자리 창출을 위한 도시재생사업 활성화 방안. **국토정책** Brief, 1-8.

최민성. (2017). 도시재생과 창의적 장소만들기: 4 차 산업 일자리 창출 중심으로. Urban planners, 4(1), 15-17.

한국고용정보원 보도자료, '22년 3월, 전국 시군구 2곳 중 1곳은 소멸위험지역, 2022. 4. 29. 배포

국가균형발전위원회 NABIS (https://www.nabis.go.kr/)

미국 주택도시개발부 (https://www.hudexchange.info/programs/promisezones/)

4 장 도시재생과 사회적기업의 역할

1. 사회적기업

1) 사회적기업의 개념

최근에는 과거에 비해 실업문제, 복지문제, 서비스의 질이 중요한 사회적 이슈로 등장하였다. 이러한 배경에서 사회적기업은 일자리 창출을 통해 실업문제를 극복하고 시장경제 및 삶의 질을 높임으로써 사회통합과 녹색성장을 통한 신성장 동력의 수단으로 강조되고 있다. 현재 사회적기업의 개념에 대한 많은 연구가 활발하게 진행되고 있지만 아직까지 세계적으로 통용되는 하나의 개념은 존재하지 않는다. 따라서 사회적기업의 개념은 국가별 여건에 따라 다양하게 사용되고 있다. 이처럼 국가별 사회적기업에 대한 개념이 상이하지만 사회적기업에 대한 가장 핵심적인 두 가지 관점을 통해 개념을 구체적으로 이해할 수 있다.

첫째, 임금 창출 관점(earned income school)으로 사회적기업을 사회적 목적 실현을 위하여 수익활동을 하는 기관으로 보기 때문에 사회적기업을 정부 보조금 등 공공 재원 부족에 대한 대안적 수단으로 간주한다.

둘째, 사회혁신 관점(social innovation school)으로 사회적기업은 사회적인 변화와 도전에 대응하여 생겨난 조직으로 보고 혁신적인 이니셔티브를 강조한다. 이러한 관점은 사회적기업 활동을 통해 창출된 혁신은 임금보다 중요하게 인식하는 것이 가장 큰 특징이다.

두 가지의 기본적인 관점하에 개별 국가들은 자국의 상황에 맞게 사회적기업을 정의하고 육성·발전시켜 나가고 있다. 국내의 「사회적기업 육성법」은 사회적기업을 다음과 같이 정의하고 있다. "사회적기업은 취약계층에게 사회서비스 또는 일자리를 제공하여 지역주민의 삶의 질을 높이는 등의 사회적 목적을 추구하면서 재화 및 서비스의 생산, 판매활동 등 영업활동을 수행하는 기업을 말한다."

[표 4-1]과 같이 다양한 사회적기업에 대한 정의가 존재한다 국가마다 역사와 전통에 따라 다양한 형태로 발달해 왔으며 사회적 경제가 발전한 유럽에서 특히 사회적기업에 대한 논의가 활발하게 이루어지고 있다. 사회적기업은 취약계층에게 일자리를 제공하는 공익적 목적을 추구하면서 동시에 경제적 목적을 달성하여 기업으로서 생존할 수 있는 경쟁력을 갖추는 기업으로 볼 수 있다. 사회적기업 개념에 대한 OECD의 입장을 살펴보면 사회적기업은 여전히 발전하는 단계에 있고 국제적으로 명확한 정의나 규범은 존재하지 않고 있다고 밝히고 있다.

[표 4-1]을 살펴본 바와 같이 사회적기업에 대한 정의가 다양하며 동시에 사회적기업은 다양한 성격을 띠고 있다. 즉 사회적 가치와 경제적 가치를 동시에 추구하고 순수한 자선과 순수한 기업, 혹은 비영리기관과 영리기관의 성격이 혼재하는 하이브리드 성격을 가지고 있음을 알 수 있다. 한편 사회적기업은 사회문제 해결을 위해 비즈니스 기법을 도입하고 있다는 점에서 커뮤니티 비즈니스와 공통점이 있다. 하지만 커뮤니티 비즈니스가 지역문제 해결에 초점을 두고 있다면 사회적기업은 지역성보다는 전국의 사회적 약자를 대상으로 고용 창출 사업에 주력한다는 점에서 차이가 있다.

표 4-1 사회적기업의 정의

연구자/기관	정의
EMES. Jacques Defourny	• 사회적 목적을 갖는 영리적 비즈니스 단위 • 커뮤니티 이익과 직접적으로 연계되는 제품과 서비스를 생산하는 비영리 민간기업
OECD	• 영리적인 기업활동을 통해 수익을 창출하고 창출된 수익은 사회적 목적을 위해 환원하는 기업
Social Enterprise Alliance(UK)	• 공공의 선(common good)을 우선으로 하는 기업으로 사회적 · 환경적 그리고 인간정의(human justice) 아젠다를 비즈니스적 수단을 통해 실현
UK Department of Trade and Idustry(2002)	• 사회적 목적(social objectives)을 우선적으로 실현하는 기업 • 이윤은 소유주들을 위한 이윤 극대화가 아니라 기업 자체 또는 커뮤니티를 위하여 재투자하는 것을 원칙으로 하는 기업
Monica C. Diochon(2010)	• 사회적 목적 실현을 위한 기업가정신이 구현되는 재정적으로 자립할 수 있는 기관
Social Enterprise London	• 사회적 · 환경적 변화를 창출하기 위하여 비즈니스적 방법을 활용하는 기업 • 명확한 사회적 · 환경적 목표를 관리문서에 명기하고, 임금 대부분을 영업활동을 통해 창출하며, 이윤의 대부분을 재투자하고, 경영의 자율권을 가지며, 사회적 목적 실현을 주된 목표로 하며, 책임 있고 투명한 기업
John Pearce(2003)	• 사회적 목적을 가진 영리기업으로 이윤분배 제한, 민주적이며 책임 있고 공동 소유권 구조를 가지는 기업
Janelle A. Kerlin(2010)	• 수입창출을 통한 자선활동을 하는 기업
Giulia Galera & Carlo Borzaga(2009)	•사회적 목적 추구 • 비영리의 분배 제한 • 투자자가 아닌 이해관계자에게 소유권과 관리권한 부여
임현백(2007)	• 비이윤 추구적인 공익을 추구하는 공적인 경제를 운영하는 기업
장원봉(2005)	• 경제적 이해를 추구하는 기업 성격과 사회적 배제에 대응하여 사회적 정당성을 추구하는 비영리단체 성격을 모두 가진 기업
사회적기업 육성법	• 취약계층에게 사회서비스 또는 일자리를 제공하거나 지역사회에 공헌함으로써 지역주민의 삶의 질을 높이는 등의 사회적 목적을 추구하면서 재화 및 서비스의 생산 · 판매 등 영업활동을 하는 기업(제2조 제1호)

하지만 최근에는 사회적기업도 커뮤니티 비즈니스처럼 적극적으로 지역의 문제를 해결하고 지역의 자산이나 지역기반 조직을 중심으로 조직된 사회적기업의 활동이 많아지고 있다.

2) 사회적 성장단계 및 역할

사회적기업이 성장하기 위해서는 지원체계가 수립되고 적절한 자원의 동원이 이루어져야 한다. 따라서 사회적기업은 성장단계를 분석하고 단계별로 적절한 지원체계를 구축하는 것이 필요하다.

조직론적인 관점에서 사회적기업의 성장단계는 학자들의 연구 목적과 배경에 따라 다양하게 구분된다. 본서에서는 사회적기업의 성장단계를 크게 3단계인 신생기, 성장기, 성숙기로 구분하였다.

첫 번째 단계는 사회적기업의 인큐베이팅 기간으로 불리는 신생기 단계이다. 사회적기업의 지역에서의 안정성과 지속성을 검증하는 기간이고 지역적인 수요와 공동체 의식을 함양하는 사업들이 주를 이룬다. 또한 고령층이나 취약계층을 위한 일자리 제공이나 정부 일자리 창출 사업과의 연계사업, 지역에 필요한 사회서비스 제공을 통한 일자리 제공 역할을 수행한다.

두 번째 성장단계는 본격적인 지역사회에서의 활동이 활발하게 이루어지는 시기이다. 지역의 유관기관과의 네트워크 형성 등을 통해 지역에서 필요로 하는 인력을 교육하고 양성한다. 신생기에서 맡아왔던 역할과 더불어 지역사회의 다양한 사업들과의 연계를 통한 일자리 창출에 주력한다.

마지막으로 성숙단계에서 사회적기업은 지역의 중요한 이해관계자 역할을 담당하게 된다. 지역의 경제 활성화에 기여하고 다양한 사회적기업이 탄생할 수 있는 지원자나 조언자 역할도 수행하는 독립된 경제 주체로서의 역할을 맡게 된다. 사회적기업의 성장단계별 역할과 지역과의 관계를 표로 정리하면 다음과 같다.

| 표 4-2 | 사회적기업의 성장단계별 역할과 지역 및 기관과의 관계

단계	대상	사회적기업의 역할	지역 및 기관과의 관계
신생기	• (신)사회적기업의 설립 • 기존 유사 조직의 전환	• 공동체의식 함양 • 사회서비스 제공 • 일자리 제공 • 정보 제공	• 지역 문제에 관심 • 지방자치단체의 재원 지원 • 창업 지원 • 경영 컨설팅 지원 • 공간 제공
성장기	• (신)사회적기업의 설립 • 사회적기업의 영역 확장 • 기존 유사 조직의 전환	• 신생기 단계의 관계 강화 • 연계사업의 발굴 탐색 • 일자리 창출 • 인력의 훈련 및 (재)교육 상담 • 지역 내 기업과의 연계 강화 • 사회적기업의 지속가능성 모색	• 신생기 단계의 관계 강화 • 지역 내 · 외 홍보 강화 • 교육, 훈련 및 관련 기관과의 협약 지원
성숙기	• (신)사회적기업의 설립 • 사회적기업의 영역 확장 • 기존 유사 조직의 전환	• 지역경제 활성화 사업 참여 • 사회적기업 지원 및 발굴 • 지역사회 통합 • 지역사회의 역량 강화 • 사회적 기업가 육성 및 교육	• 대외 및 인근 지방정부와의 연계 지원 • 대외 및 인근 기업과의 연계 지원

2. 도시재생과 사회적기업의 관계

도시재생은 지역의 물리, 환경, 경제, 사회, 문화적 측면을 부흥시키는 것으로 국가마다 다양한 방식의 활성화사업으로 운영되고 있다. 미국은 '중심시가지 활성화 사업'으로 진행되고, 일본은 '마을 만들기 운동' 그리고 영국에서는 '근린지역 재생운동' 방식으로 진행되고 있다.

요약하면 도시재생 개념은 지역의 물리적 환경의 쇠퇴로 인한 악순환 메커니즘을 사회경제적 개선을 통한 선순환 구조로 전환시키는 수단으로 보고 있다. 성공적인 도시재생사업을 진행하기 위해서는 정부, 시장부문, 커뮤니티, 시민사회와의 파트너십이 중요하다. 지역사회의 수요를 가장 정확하게 파악하고 효율적으로 실천할 수 있는 시민사회 조직과 관련 기관의 전문성을 결합할 때 도시재생사업의 성공 가능성은 높아진다.

일본의 경우 제3섹터가 도시재생사업의 파트너십 주체로서 참여하는 형태의 도시재생사업과 사회적기업과의 연계관계를 보여준다. 사회적기업과 커뮤니티 비즈니스, 마을 만들기 회사, 유한책임사업조합, 합동회사 등의 유형으로 구체화된다. 영국은 지역 전략 파트너십, 도시재생회사, 지역사회 개발 트러스트 등으로 유형화되고, 미국은 비영리조직으로 낙후지역 환경개선에 적극적인 활동기구인 DCDs(Community Development Corporation) 형태가 대표적이다. 이 조직은 포드재단과 미국의 경제부처, 연방기관 등의 지원으로 1960년대 초기부터 지역 집짓기, 지역의 슬럼화를 해결하기 위한 활동을 하고 있다.

국내에서 도시재생사업은 지역 성장의 원동력을 창출하는 주요 사업으로 인식되고 있으며, 주로 주택재개발, 주택재건축, 도시환경정비사업 등을 포함한다. 도시재생과 관련한 연계사업으로는 고용노동부에서 추진하고 있는 '일자리 창출–사회적기업 육성'사업, 행정안전부에서 지원하고 있는 '비영리 민간단체 공익활동 지원'사업 등이 있다. 도시재생과 사회적기업의 공통점은 지역의 인력, 자금 그리고 지역의 자연환경 등을 기반으로 시작한다는 점이다.

도시재생사업 추진 시 지역의 자원은 개발과 보존이라는 가치가 동시에 추구되고 수익은 지역의 자원으로 재투자되며 지역의 다양한 이해관계자들의 신뢰를 통하여 네트워크가 구축되어야 한다. 또한 지역주민들은 새로운 정보 접근의 기회를 갖고 교육을 통해 전문지식을 습득할 수 있는 기회를 가질 수 있어야 한다. 결국 도시재생사업의 성공을 위해서는 지역사회의 주민들의 참여, 지역사회 내의 지역단체의 활용이 매우 중요하고, 특히 지역에 기반을 두고 있는 사회적기업의 참여가 필수적이다.

3. 도시재생에서 사회적기업의 역할[1]

1) 산복도로 도시재생사업의 사례

사회적기업을 활용한 도시재생 추진방향은 다음과 같다. 우선 지역주민이 지역개발효과를 우선적으로 가져갈 수 있어야 하고 사업이 완료된 후에도 지역의 고용이 지속될 수 있어야 한다. 또한 하드웨어 및 소프트웨어 연계 및 조화의 측면에서 지역에서 추진되는 물리적 환경개선사업은 기업유치, 창업, 공동작업장 제공, 취업알선 및 정보제공, 직업교육 기회 제공 등 일자리 창출과 사회적기업 육성이 가능하도록 다양한 프로그램의 개발이 필요하다.

낙후된 지역과 저소득계층의 생활개선을 통한 지역공동체 유지에 도움이 되어야 하고 지속가능성과 사회적 통합이라는 국가정책과 도시정책에도 부합해야 한다. 도시재생사업을 초기, 중기, 완성기 3단계로 구분하여 각 시기에 맞는 사회적기업의 역할이 무엇인지를 산복도로 사례로 정리하였다.

1 사회적기업의 역할에 관한 내용은 최조순 · 김태영 · 김종수 (2011). 도시재생과 사회적기업의 역할. 도시행정학보, 24(1), 283-302의 내용을 참조하였다.

(1) 초기 단계에서 사회적기업의 역할

도시재생사업 초기 단계의 특징은 사업의 방향성, 지역의 특성 및 지역자산의 효율적 활용, 지역주민과의 관계 및 역할에 대한 계획이 수립되는 단계이다. 지역에 어떤 단체와 조직이 있는지를 조사하고 지역의 문제를 파악하여 취약계층을 위한 복지서비스와 일자리 제공이 이 단계에서 이루어진다. 이 단계에서 사회적기업은 취약계층 일자리 창출과 사회서비스 제공, 도시재생 계획 수립의 이해관계자로서 지방정부와 유기적인 관계를 형성해야 한다.

도시재생 초기 단계에서 사회적기업의 역할은 주민들의 공동체 정신을 끌어내는 것이다. 산복도로의 사례에서 이 지역주민들은 한 동네에서 오랜 시간을 지내왔지만 공동체 형성에 대한 훈련이 없어서 지역공동체라는 개념이 강하게 자리 잡고 있지 않았을 것이다. 사회적기업은 초기에는 공동체 안으로 들어가 주민들이 스스로 동네를 위해 무엇인가를 할 수 있다는 것을 자각하게 만들어 동기부여를 시키는 게 필요하다. 지역사회 공동체 의식을 강하게 만들어내기 위해서는 지역주민이 중심이 되어야 한다. 산북도로 지역주민의 경우 대부분 고령층이 많고 저소득층이 주거공간을 이루고 있다. 따라서 사회적기업의 주요 사업 대상이 고령자와 저소득층이므로 이들의 수요를 충족시킬 필요가 있다.

하지만 저소득층과 노인인구가 중심이 되는 지역적 한계는 지역 내 자원 동원에 한계가 있다. 따라서 사회적기업의 입장에서 우선적으로는 고령자 계층에게 필요한 소일거리 제공을 통한 일자리 창출을 시도해야 한다. 이때 중요한 것은 고령자들이 할 수 있는 일과 필요한 일거리가 무엇인지 파악해야 적합한 일자리를 제공해 줄 수 있다.

일본의 '구로가베'도 지역의 주민이 고령자들이 많다는 동일한 문제에 직면하였다. 어떻게 이 문제를 해결했는지 살펴보자. 이 지역의 경우 지역 활성화를 위해 수제 유리사업을 집중 육성하기로 선정하였고, 이 유리공예가 타 지역에서 많은 관광객이 방문하는 지역의 주요 자원으로 성장하여 지역 일자리 창출뿐만 아니라 경제 활성화와 도심의 활기를 되찾게 되었다. 사회적기업은 교육과 훈련을 통해 고령자들이 스스로 참여할 수 있도록 유도하고 지역주민들 간의 교류와 협동하는 방법을 알려 줄 수 있다. 또한 사회적기업은 '취약계층 주건 환경개선'과 '주거환경정비사업', 그리고 '기존 주택 전세임대사업, 기존 주택 매입임대사업'에 참여하여 주거복지 제공의 역할 수행이 가능하다.

(2) 도시재생사업 중기 단계에서의 사회적기업의 역할

도시재생사업 중기 단계는 초기 단계에서 수행 중인 사회적기업의 역할과 기능을 확대하는 단계이다. 공동체 의식이 주민들에게 어느 정도 내재화되어 있고 사회적기업과 도시정부의 도움으로 사업을 진행할 수 있다는 자신감을 얻은 주민들이 지역사회 내 공동체를 더욱 발전시켜 나가려는 단계이다. 사회적기업은 공동체 중심의 사업을 추진하기 위해서는 국가의 재정과 사회적 자원을 잘 활용해야 한다. 사회적기업과 지자체는 계획단계에서부터 주민들이 스스로 계획의 주체가 되도록 의견을 모으고 협력하는 과정을 거치도록 해야 한다.

산복도로 지역의 특성 중 하나가 전쟁 피난민들이 살았다는 점이다. 따라서 주민들이 지역의 역사에 대해 구술하고 책으로 출간하는 사업도 가능하다. 사회적기업은 지역의 특성에 맞게 지역주민을 적절하게 활용하면서 고령의 주민들에서 지역사회 발전에 도움이 될 수 있다는 자긍심을 높여주는 효과를 얻을 수 있다.

일자리 창출을 위해 산복도로의 이미지를 활용한 수공업 제품 생산을 위한 일자리 창출도 가능하다. 일자리 창출 기능을 하는 사회적기업의 역할은 지방정부, 사업시행자, 지역주민을 연계시키는 중간연결자 역할도 가능하다. 이 지역의 사회적기업은 대전 유성구 궁동에서 '아이엠 궁'이라는 쿠폰을 발행하여 지역의 상권을 연결한 사례처럼 산복도로 지역에서 사용 가능한 쿠폰 발행이 가능하다. 창업 지원센터와 같은 기관을 통해 프로그램 개발 전문가를 연결시켜 인터넷, 스마트폰 등에서 활용할 수 있는 애플리케이션을 개발한다면 지역 상권을 확장시킬 수 있다.

사회적기업이 수행하는 다양한 사업이 원활하게 수행되기 위해서는 사회적기업이 서로 관계를 맺고 정보교환이 이루어질 수 있는 서울시의 '일자리 플러스센터'와 같은 사회적기업 지원센터를 구상할 필요가 있다. 사회적기업의 서비스와 상품을 구매할 수 있도록 사회적기업 육성법이나 지자체 조례를 제정하고 세제혜택을 통해 사회적기업의 원활한 운영을 지원해야 한다.

(3) 도시재생사업 후기 단계에서의 사회적기업의 역할

도시재생 후기 단계는 물리적, 환경적인 사업이 종료되고 여러 사업들이 통합되는 과정의 단계이다. 사회적기업은 사업 영역의 다변화와 확장을 통해 안정과 정착화를 시도하고 유사한 사회적기업의 설립을 지원하는 역할도 할 수 있다. 한 지역에서의 성공 사례를 분원을 설립하여 다른 지역의 사회적기업 설립을 도와주는 사회적기업 운영의 조력자 역할도 가능하다.

산복도로는 부산의 여러 지역을 지나고 있어 다양한 지역의 특성에 따라 구분하여 특성에 부합하는 사업을 수행할 수 있다. 지역에 있는 종교단체, 자원봉사 조직, 협동조합 등 비영리단체뿐 아니라 지역 기업, 지역 은행 등

상업 조직까지 지역 네트워크로 통합할 수 있다.

도시재생 후기에는 공공자원을 주민에게 적극 양도하는 방식으로 사회적기업을 지원할 수 있다. 지자체는 빈집을 구매하여 주민들이 모일 수 있는 공간을 제공하고 주민자치센터의 일부 장소를 사회적기업이 사용할 수 있게 하여 주민들 간에 긴밀한 관계를 형성하도록 도와준다. 지방정부는 또한 사회적 기업가정신을 높여주기 위해 지역 대학의 연계를 통해 대학생들에게 사회적기업을 경험할 수 있게 하거나 경진대회를 통해 아이디어를 만들어내도록 도와줄 수 있다. 공정여행을 추구하는 사회적기업 '착한여행' 등과 연계하여 국내 여행상품을 만들어 산복도로 지역의 문화, 역사, 먹거리 등을 체험하면서 기존 여행과는 다른 차별성을 발견할 수 있다.

참조문헌

박정은. (2014). 도시재생을 위한 사회적기업의 지속가능성 요인. 서울대학교 대학원 박사학위논문.

장우진. (2011). 지역성에 기반한 도시재생과 사회적기업 연계의 기대효과. **한국지적정보학회지**, 13(1), 129-146.

장우진. (2010). 부동산업과 도시재생사업의 연계를 통한 사회적 기업 모형. **한국지적학회지**, 26(1), 87-108.

최조순 · 김태영 · 김종수. (2011). 도시재생과 사회적기업의 역할. **도시행정학보**, 24(1), 283-302.

홍성우 · 장우진. (2011). 도시재생 영역의 중요도 분석을 통한 사회적기업의 지속가능성 탐색. **한국지적정보학회지**, 13(1), 183-206.

5장 컬처노믹스

1. 컬처노믹스 개요

1) 컬처노믹스 개념

문화는 다양한 분야와 융합과정을 거쳐 새로운 산출물을 만들거나 최종 산출물의 성능을 향상시키는 윤활유 역할을 하기도 한다. 따라서 문화는 기존의 문화를 새로운 문화로 바꾸어 우리의 삶을 풍성하게 만드는 창조적인 역할을 수행한다. 최근에 컬처노믹스(culuturenomics)를 활용한 도시재생이 세계적으로 중요한 이슈로 부각되면서 국내에서도 전략적으로 활용하기 위해 적극적으로 추진되고 있다.

컬처노믹스란 문화(culture)와 경제(economics)를 합성한 용어를 말한다. 덴마크 코펜하겐 대학의 피터 듀론트(Peter Duelund)가 처음 이 용어를 제기하였고 초기에는 주로 해당 국가의 문화에 대한 이해가 높으면 경제적 부가가치를 창출할 수 있다는 현지화의 개념으로 사용되었다. 즉 해외에 진출하는 기업이 성공하기 위해서는 해당 국가의 문화에 대한 이해가 필요하다는 의미로 사용되었다.

2. 도시재생을 위한 컬처노믹스

문화의 성장과 개발은 지역경제에 고부가가치를 창출할 수 있는 경제활동이다. 따라서 낙후된 도시를 재생하여 새로운 도시 경제 성장과 발전을 이룰 수 있는 도시개발의 논리로 컬처노믹스가 부각되고 있다. 한국의 경우 급속한 경제성장으로 남겨진 노후화된 기반시설과 지역경제 침체를 극복해야 하는 과제를 안고 있다. 도시화와 산업화의 폐해가 발생하고 도시와 지역 간 불균형 발전으로 인해 도시는 사회, 경제, 문화적으로 쇠락하고 낙후되었다는 이미지가 강해 개선이 필요한 상황이다. 따라서 성공적인 도시재생을 위해서는 낡고 노후화된 매력 없는 도시 이미지를 바꾸는 것이 필요하다.

그림 5-1 컬처노믹스를 반영한 도시재생의 개념

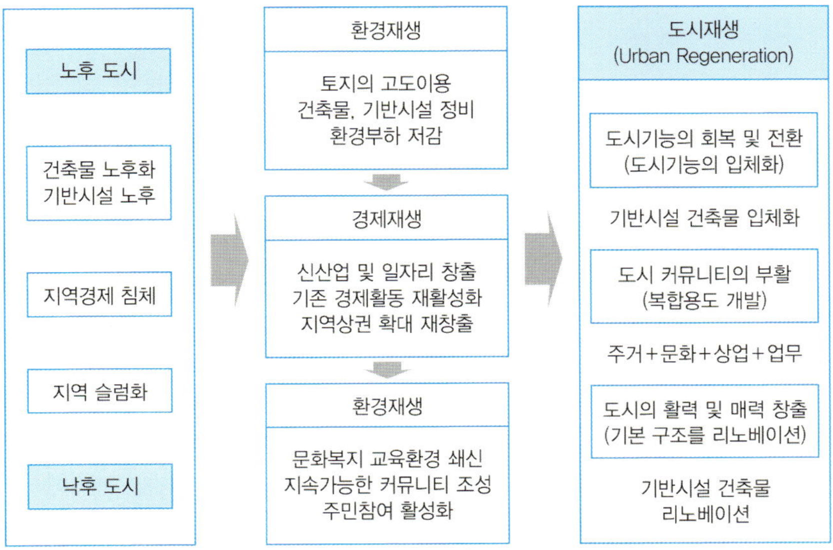

1990년대 중반 이후부터 성장하기 시작한 문화산업은 컬처노믹스의 중요성을 인식하고 실천을 하게 만드는 원동력으로 작용하였다. 최근에는 문화의 상품화가 가속화되고 문화를 통한 창조적인 차별성이 부각되고 있다. 이처럼 컬처노믹스는 문화와 산업의 융합, 문화의 상품화, 문화를 통한 창의성과 차별성을 높여주는 고부가가치를 창출하는 것으로 이해되고 있다. 컬처노믹스는 도시 차원에서 보면 도시 특유의 문화 콘텐츠가 상품화되고 도시경쟁력이 문화산업을 성공적으로 이끌 수 있는 역할을 한다.

3. 컬처노믹스 사례

1) 해외 사례

세계의 많은 도시들이 문화를 기반으로 하는 도시재생을 추진하고 있다. 이를 통해 사회, 경제적으로 지역을 개선하고 매력적인 도시로 만들기 위한 도시재생을 시도하고 있다. 컬처노믹스 전략으로 도시재생에 성공하고 있는 대표적인 도시를 선정하여 도시별 문화자원 개발 유형과 컬처노믹스 전략 및 효과를 [표 5-1]과 같이 정리하였다.

표 5-1 해외 컬처노믹스 사례: 서구

<table>
<tr><th>도시</th><th>기존 도시</th><th>도시·문화 이미지</th><th>문화자원 개발 유형</th><th colspan="2">컬처노믹스 전략 및 효과</th></tr>
<tr><td rowspan="4">영국 글래스고 (Glasgow)</td><td rowspan="4">• 과거 세계적 산업도시였으나 1960년대 기반시설의 쇠퇴로 경제적 위기를 맞이함
• 급격한 산업화와 도시화에 따라 도시생활환경이 피폐화됨</td><td rowspan="4">부정적, 약함</td><td rowspan="4">개선 + 강화</td><td rowspan="3">전략</td><td>기존의 역사적 문화자원 및 시설을 개선하여 적극 활용함</td></tr>
<tr><td>[하드웨어]
• 기존 문화·예술시설의 재정비: 갤러리, 스튜디오, 시립 콘서트홀 등
• 새로운 문화·예술공간 확대: 기존 역사문화자원과 연계함</td></tr>
<tr><td>[소프트웨어]
• 대규모 문화행사 및 축제 유치: 5월 축제, 가든축제 등
• 도시 홍보 강화: 활기찬 글래스고(Glasgow's Alive), 글래스고를 더 좋게(Glasgow's Miles Better) 캠페인</td></tr>
<tr><td>효과</td><td>• 확고한 문화도시 이미지 구축: 유럽의 문화도시 선정(European City of Culture, 1990)
• 지역경제 활성화: 관광산업 활성화, 대규모 관광객 증가, 외자투자 유치</td></tr>
<tr><td rowspan="2">스페인 빌바오 (Bilbao)</td><td rowspan="2">제철·철강·조선산업을 담당하는 공업도시였으나 1980년대 이후 도시의 기간산업을 이루던 전통산업의 몰락과 함께 도시의 경제적 여건이 급속히 악화됨</td><td rowspan="2">부정적, 약함</td><td rowspan="2">개선 + 창출</td><td rowspan="2">전략</td><td>쇠퇴한 도시에 랜드마크인 문화시설과 관련 문화시설을 집적시킴</td></tr>
<tr><td>[하드웨어]
• 국제적 수준의 문화시설 분관 유치 및 관련 문화시설의 집적: 뉴욕 구겐하임 빌바오 미술관, 대형 호텔, 컨벤션센터, 공연장 등
• 인접 도시들과 연계를 위한 기반시설 구축: 항구, 공항, 기차역 등</td></tr>
</table>

					[소프트웨어] • 민관협력체 구성을 통한 정기적인 비전과 전략 수립: 빌바오 메트로 폴리 30(Bilbao Metropoli 30, 민간 전문가 협의체), 빌바오 리아 2000(Bilbao Ria 2000, 비영리 공기업)
				효과	• 새로운 도시문화 브랜드 구축 • 지역경제 활성화: 관광산업 활성화, 대규모 관광객 증가, 서비스업 성장 및 고용창출, 지역주민의 이전방지
영국 게이츠헤드 (Gates-head)	전통적으로 석탄·제분산업을 주업으로 했던 산업도시였으나 1930년대 대공황을 겪으며 쇠락하기 시작함	부정적, 약함	개선 + 창출	전략	도시재생 프로젝트를 연차적으로 시행, 문화시설을 건설함으로써 문화클러스터를 형성함
					[하드웨어] • 도시의 랜드마크 건설: 북쪽 나라의 천사, 발틱 현대미술센터, 세이지음악당, 밀레니엄브리지 등 • 물리적 환경의 개선: 옛 공장 건물을 문화적 공간으로 활용(발틱 현대미술센터)
					[소프트웨어] • 세계 최고 수준의 공연과 전시 유치 • 주민을 위한 문화서비스: 다양한 교육 프로그램 실시 • 다양한 도시들과의 문화적 파트너십 형성
				효과	• 지역주민의 문화에 대한 태도와 가치 인식 수준이 지속적으로 향상됨 • 지역경제 활성화: 관광산업 활성화, 대규모 관광객 증가, 실업률 감소, 외자투자 유치

유럽의 세 도시를 소개하고 있는데 영국의 대표적인 도시재생 성공 사례로 소개되는 글래스고(Glasgow), 스페인의 빌바오(Bilbao) 그리고 영국의 게이츠헤드(Gateshead)이다. 영국의 글래스고는 과거 세계적인 산업도시였으나 급격한 산업화와 도시화에 따라 도시생활환경이 피폐화되었다. 이러한 상황을 개선하기 위해 기존의 역사적 문화자원과 시설을 개선하여 지역경제 활성화뿐만 아니라 확고한 문화도시 이미지를 구축하여 유럽의 문화도시로 선정되었다.

스페인의 발바오는 제철과 철강, 조선산업이 발달한 공업도시였으나 1980년대 이후 도시의 기간산업을 이루던 전통산업의 몰락으로 도시의 경제적 여건이 급속하게 악화되었다. 쇠퇴한 도시에 랜드마크인 문화시설과 관련 문화시설을 집적시켜 새로운 도시문화 브랜드를 구축하고 관광산업 활성화로 지역경제 활성화를 이루어낸 지역이다.

영국의 게이츠헤드는 전통적으로 석탄과 제분산업을 중심으로 발전한 도시였으나 1930년대 대공황을 겪으면서 쇠락하기 시작했다. 도시재생 프로젝트를 연차적으로 시행하고 문화시설을 건설하여 문화 클러스터를 형성하여 세계 최고 수준의 공연과 전시가 유지되고 있고 관광산업 활성화를 통한 지역경제 발전과 지역주민의 문화에 대한 태도와 가치 인식 수준이 지속적으로 높아졌다.

그 다음으로 아시아에서 성공적인 사례로 꼽히는 중국 따산즈와 일본의 가나자와 도시를 분석하였다. 띠싼즈는 중국의 국영공장이 집결해 있는 대규모 공장지대로 중국의 경제가 계획경제에서 시장경제로 전환하면서 급속하게 쇠퇴하고 노후화된 지역이 되었다. 또한 정비계획에 따라 공장들이 외곽으로 빠져나가면서 공장건물은 거대한 흉물로 남게 되었다. 이러한 공간에 예술가들이 정부에 건의하여 창작촌이라는 문화공간을 조성하여 도시의 문화발산지로 거듭나면서 중국 현대미술의 상징적인 장소로 부상하게였다.

| 표 5-2 | 해외 컬처노믹스 사례: 아시아

<table>
<tr><th>도시</th><th>기존 도시</th><th>도시·문화 이미지</th><th>문화자원 개발 유형</th><th colspan="2">컬처노믹스 전략 및 효과</th></tr>
<tr><td rowspan="4">중국 따산즈(大山子)</td><td rowspan="4">• 국영공장이 모여 있는 대규모 공장 지대였으나 중국 경제가 시장경제 체제로 전환하면서 쇠퇴함
• 동시에 베이징 정비계획을 계기로 대부분의 공장이 시내 밖으로 이동하면서 공장 건물이 거대한 흉물로 남음</td><td rowspan="4">부정적, 부재</td><td rowspan="4">개선
+
창출</td><td rowspan="3">전략</td><td>예술가들이 정부의 정책을 바꾼 경우로 유휴공간의 대규모 부동산개발에 건의하여 창작촌이라는 자연발생적 문화공간을 도시의 문화발산지로 거듭나게 함</td></tr>
<tr><td>[하드웨어]
• 물리적 환경의 개선: 버려진 공장 건물을 문화적 공간으로 활용(예술가들의 작업공간, 갤러리 등)</td></tr>
<tr><td>[소프트웨어]
• 자유로운 문화예술기반의 조성을 위한 정책적 지원: 예술특구 지정(문화창의 산업특구로 공식 지정, 2004), 예술축제 지원 등
• 아트페스티벌: 새로운 798 건설(Reconstruction 798, 2003~), 따산즈 페스티벌</td></tr>
<tr><td>효과</td><td>• 중국 현대미술의 상징적인 장소로 부상, 인근지역으로의 확대
• 아시아를 대표하는 국제 문화중심지로의 변모: 외국계 갤러리, 아트센터, 관련 매체와 기업 등 전문적 미술공간의 결집
• 지역경제 활성화: 관광산업 활성화, 관광객 증가</td></tr>
</table>

일본 가나자와 (金澤)	• 많은 전통공예·예술의 전승과 함께 옛 거리나 주택 등 역사적 문화환경의 보존이 잘 이루어진 전통적 도시였으나 일본의 근대화로 인해 흔한 시골마을로 퇴락함	약함	강화	전략	지역의 전통적인 문화지원을 계승, 이를 새로운 문화와 결합하여 독자적인 지역문화를 재생산함
				전략	[하드웨어] • 전통적인 주거와 주변환경의 보존 • 문화시설: 시민 예술문화촌, 창작의 숲, 21세기 미술관 등
				전략	[소프트웨어] • 지역의 전통적 산업 보존 및 토착문화산업 육성을 위한 전문가 양성(가나자와 직인대학, 우타츠야마 공예공방) • 주민을 위한 문화서비스: 다양한 교육·체험 프로그램 실시 • 역사환경보존제도 수립: 조망경관 보존조례, 고마치나미보전조례, 가나자와시 전통마을 거리보존조례 등
				효과	• 주민 자긍심 고취, 지역주민 삶의 질 향상 • 예술문화촌을 거점으로 시민주체의 문화활동이 활발해짐 • 지역경제 활성화: 주민 소득 증대, 관광객 증가

일본의 가나자와는 전통공예와 예술적인 거리와 주택 등 역사적으로 의미 있는 문화환경이 보전된 지역이었다. 하지만 일본의 근대화가 진행되면서 흔한 시골마을로 퇴락하였다. 하지만 지역의 문화자원을 계승하고 새로운 문화와 결합하여 예술문화촌을 거점으로 시민주체의 문화활동이 활발해지고 독자적인 지역문화를 재생산하고 있다.

2) 국내 사례

(1) 서울로7017 액티베이터

‘서울역 7017 프로젝트’란 서울역을 포함한 서울역 인근지역을 고부가가치로 만드는 도시재생 선도사업을 말한다. 서울역은 주변공간과의 연계성이 없어서 섬처럼 고립되어 있고 거대한 철도역의 잠재력이 주변으로 확산되지 못하고 있기 때문에 지역이 쇠태하고 있었다. 이러한 문제를 해결하기 위해 서울시는 2015년 1월 29일 ‘서울역 7017 프로젝트’를 발표하였다. 7017이란 숫자는 ‘1970년 차량길에서 17개의 사람길로의 탄생’, 그리고 ‘1970년에 만들어진 17m 높이의 고가’, ‘1970년에 만들어져 2017년에 다시 태어나는 역사적 고가’ 등의 의미가 있다.

액티베이터(문화콘텐츠를 위한 시설)는 서울로 7017 고가 상부에 조성되어 다양한 문화 참여와 체험을 위해 마련되었다. 주로 사람들의 행위와 행사를 위해 설계되어 컬처노믹스를 위해 설계된 도시재생 콘셉트로 볼 수 있다. 체험과 참여를 위해 전시관을 비롯한 공연장, 정원체험 등 사용자의 대

그림 5-2 | 서울로7017의 로고

상에 따라 특성이 반영된 문화콘텐츠 시설로 구성되어 있다.

총 8가지의 액티베이터로 구성되며 서울로전시관, 담쟁이극장, 정원교실, 장미무대, 방방놀이터, 공중자연쉼터, 목련무대, 호기심화분으로 구분된다.

❙ 그림 5-3 ❙ 서울로7017의 체험형 액티비베이터

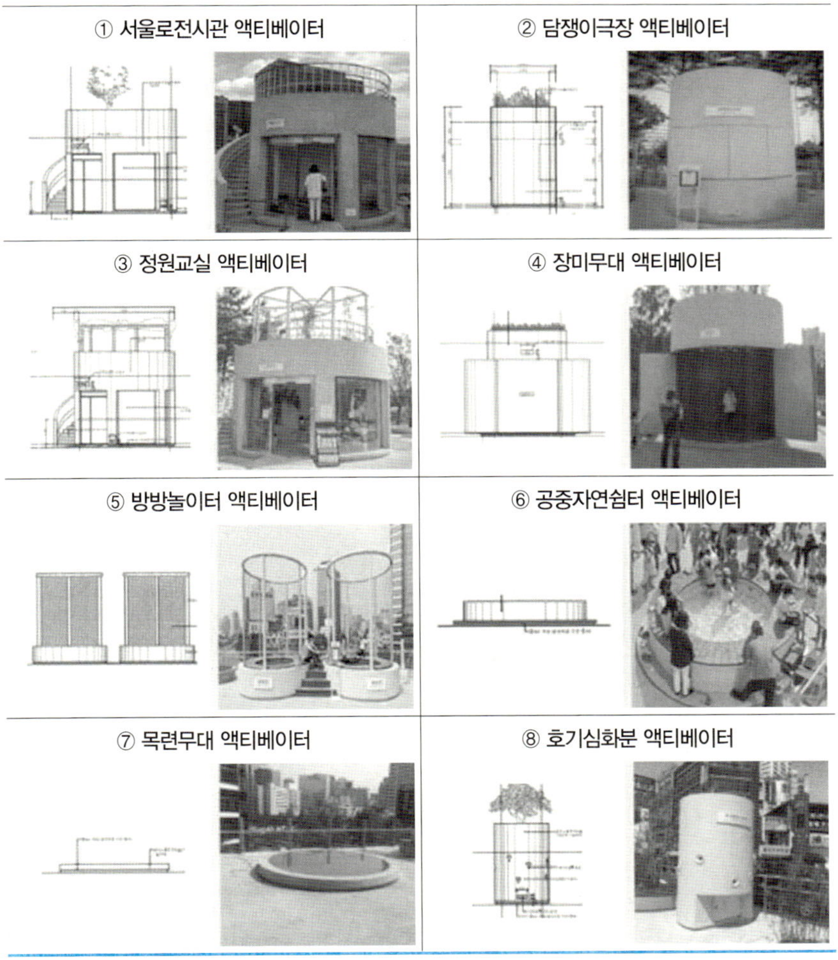

① 서울로전시관

액티베이터 사례 1: 서울로전시관

전시를 주요 목적으로 하는 액티베이터로서 네이버 문화재단과의 협업을 통해 수준 높은 작품을 전시하여 시민들이 부담 없이 일상 속에서 예술 작품을 즐길 수 있도록 하였다. 개장일부터 분기별 1회씩 전시를 계획하였으며 전시시간은 오전 9시부터 저녁 7시이다.

사회	경제
□ 시민주도 참여	□ 상권 활성화 영향
□ 커뮤니티 조성	■ 새로운 일자리 창출
■ 문화생활 확장	■ 문화상품화

② 담쟁이극장

액티베이터 사례 2: 담쟁이극장

벽을 타고 담쟁이가 쑥쑥 자라나듯 어린이를 비롯한 모두의 꿈과 희망이 쑥쑥 자라기를 바라는 의미를 담아 조성된 액티베이터형 공연장으로서 자원봉사자로 구성된 인형극단의 정기공연과 1인극, 마임 등 다양한 문화예술 공연을 상시적으로 펼치고 있다.

사회	경제
■ 시민주도 참여	■ 상권 활성화 영향
■ 커뮤니티 조성	■ 새로운 일자리 창출
■ 문화생활 확장	■ 문화상품화

③ 정원교실

액티베이터 사례 3: 정원교실

정원교실은 기본적으로 다양한 식물과 작은 도서관으로 조성되어 이용객의 휴식을 도모할 수 있는 공간으로 조성하고자 하였다. 하지만 단순한 쉼터로서의 기능뿐 아닌 주변 식재를 활용한 정원 만들기, 안내 프로그램 등의 장소로 활용하고 있다.

④ 장미무대

액티베이터 사례 4: 장미무대

장미무대는 가족단위의 관람객을 위한 공연, 체험 프로그램을 진행하는 공간으로 공연 프로그램뿐만 아니라 식물, 걷기, 재생 등 서울로의 정체성을 보여줄 수 있는 프로그램을 기획 운영하는 공간으로 조성하였다. 정기 공연시간 외에는 모니터를 활용해 안내 영상물을 상영하고 있다.

사회	경제
■ 시민주도 참여 □ 커뮤니티 조성 ■ 문화생활 확장	■ 상권 활성화 영향 □ 새로운 일자리 창출 □ 문화상품화

⑤ 방방놀이터

액티베이터 사례 5: 방방놀이터

서울로7017에 조성된 트램펄린 존에서 운영되는 프로그램이다. 혹한기를 제외하고는 상설 운영되는 놀이터로서 운영 특성상 동시 수용 인원 제한이나 이용 대상의 제한을 두어 이용객보다 안전하고 즐거운 놀이 체험이 가능하도록 하였다.

사회	경제
■ 시민주도 참여 □ 커뮤니티 조성 □ 문화생활 확장	■ 상권 활성화 영향 □ 새로운 일자리 창출 □ 문화상품화

⑦ 목련무대

액티베이터 사례 7: 목련무대

사회	경제
■ 시민주도 참여 ■ 커뮤니티 조성 ■ 문화생활 확장	■ 상권 활성화 영향 ■ 새로운 일자리 창출 ■ 문화상품화

⑥ 공중자연쉼터

액티베이터 사례 6: 공중자연쉼터

어린이 친화구역으로 운영되는 친수공간으로 봄에서 여름까지는 족욕탕, 가을은 낙엽 및 편백나무 체험장, 겨울은 트릭아트 체험장으로 운영하여 계절별 차별화된 프로그램으로 운영할 수 있게 기획되었다.

사회	경제
■ 시민주도 참여 ■ 커뮤니티 조성 □ 문화생활 확장	■ 상권 활성화 영향 □ 새로운 일자리 창출 ■ 문화상품화

⑧ 호기심화분

액티베이터 사례 8: 호기심화분

인근 직장인과 지역주민을 위한 문화, 놀이 프로그램을 운영하는 공간으로 평일 점심시간 또는 주말 1~2회 문화행사를 펼치고 있다. 또한 서울로7017의 전체적인 대규모 행사 시 사전 홍보용 쇼케이스 공연 등에 사용되는 무대로 상시 프로그램으로는 걷고, 쉬고, 노는 서울로의 특이점을 살린 프로그램을 선보이고 있다.

사회	경제
■ 시민주도 참여	■ 상권 활성화 영향
■ 커뮤니티 조성	■ 새로운 일자리 창출
■ 문화생활 확장	■ 문화상품화

사울의 관광명소, 석양, 소리를 담은 3개소의 체험공간으로 운영되며 다양한 멀티미디어 콘텐츠를 활용하고 있다. 주요 협력체인 WCO(World Culture Open)와의 협업으로 흥미롭고 유용한 콘텐츠를 지속적으로 개발, 교체할 수 있도록 하였다.

사회	경제
■ 시민주도 참여	□ 상권 활성화 영향
□ 커뮤니티 조성	□ 새로운 일자리 창출
■ 문화생활 확장	■ 문화상품화

서울로7017 액티베이터를 대상으로 도시재생을 위한 컬처노믹스의 문화콘텐츠 개발 및 운영을 정리하면 다음과 같다.

표 5-3 서울로7017의 체험형 액티베이터 비교

구분	생활			경제		
	시민주도 참여	커뮤니티 조성	문화생활 여건 확장	상권 활성화 영향	새로운 일자리 창출	문화 상품화
서울로전시관			■		■	■
담쟁이극장	■	■	■	■	■	■
정원교실	■		■	■		
장미무대	■	■	■	■	■	■
방방놀이터	■			■		
공중자연쉼터	■	■		■		■
목련무대	■	■	■	■	■	■
호기심화분	■		■			■

서울로전시관은 시민들의 문화생활 여건을 개선하는 역할을 하지만 시민이 주도적으로 참여하는 공동체 형성에는 도움이 되지 않는 액티베이터 성격을 가진다. 그러나 경제적으로는 새로운 일자리를 창출하고 문화를 상품화하는 데 유효한 역할을 한다. 담쟁이극장은 목련무대와 함께 시민주도의 참여에서부터 문화상품화까지 아우르는 컬처노믹스의 모든 요소를 포함하는 가장 효과적인 액티베이터로 활용되고 있다. 방방이놀이터와 정원교실의 경우 단지 실물을 보여주거나 시민이 주도적으로 참여하는 방식을 통해 자연스럽게 지역의 상권을 활성화시키는 사례이다.

참조문헌

강성중. (2011). 도시재생을 위한 뉴욕 하이라인 공원의 산업유산 활용 사례 연구. **한국디자인문화학회지**, 17(4), 1-12.

김상원 · 박순찬 · 김영석 · 오륜. (2011). 도시재생사업을 통한 컬쳐노믹스 복지(Culturenomics Welfare) 실현 방안에 관한 연구. **인문콘텐츠**, (22), 163-181.

김서희 · 박치완. (2017). 문화주도 도시재생을 통한 컬처노믹스 사례 분석. **글로벌문화콘텐츠학회 학술대회자료집**, 2017, 71-74.

김우영. (2012). 후기 산업시대 문화기반 도시재생 전략에 관한 연구: 랜드마크를 활용한 도시개발 사례를 중심으로. **한국도시설계학회지-도시설계**, 13(6), 5-21.

김인선 · 김영실 · 서정훈 · 최왕돈. (2010). 도시재생을 위한 컬처노믹스적 접근에 관한 연구: 문래동 특성화지역을 중심으로. **대한건축학회 논문집-계획계**, 26(5), 285-296.

김정연. (2015). **(해외출장보고서)-예술을 활용한 해외지역. 도시재생 사례 답사(일본 군마현, 니이가타현, 토오카마치시)-도시재생 활성화 선진사례.**

김항집. (2011). 역사 · 문화자원과 연계한 지방중소도시의 도시재생 방안. **한국지역개발학회지**, 23(4), 123-147.

박현구. (2011). 유휴산업시설을 활용한 창작스튜디어 실내공간계획 컬처노믹스를 중심으로. 홍익대학교 대학원 석사학위논문.

오동훈. (2010). 문화공간 조성을 활용한 선진 도시재생 성공사례 비교 연구: 밴쿠버 그랜빌아일랜드와 베를린 쿨트어브로이어 사례를 중심으로. **도시행정학보**, 23(1), 175-197.

오동훈 · 권구황. (2007). 도시재생전략으로서의 도시문화마케팅 해외사례 연구. **국토계획**, 42(5), 109-128.

이혜수 · 정진도. (2018). 도시재생을 위한 체험기반 컬처노믹스 실행에 관한 보고－서울로7017의 액티베이터(Activator)－. **일러스트레이션 포럼**, 19(55), 79-88.

장재일 · 오종열. (2014). 역사문화환경을 활용한 해외 도시재생 사례의 문헌적 고찰. **부동산학보**, 57(57), 137-151.

정원욱 · 김개천. (2013). 장소성을 바탕으로 한 컬처노믹스 구현에 관한 연구. **한국실내디자인학회 논문집**, 22(2), 3-10.

3부

도시재생 사회 관련 논쟁

6장 주민참여

1. 주민참여의 필요성

도시재생사업에 직 · 간접적으로 이해관계가 있고 해당 사업의 제안, 사업계획 구축과 시행과정에 관여하는 일체의 행위를 주민참여라고 한다. [표 6-1]에서 보여주듯이 주민참여는 다양한 역할을 수행하는데 도시재생사업의 수행에서 주민참여는 주민들의 공동체 의식을 높이고 지방자치 활

표 6-1 주민참여의 역할

구분	내용
정보수집기능	주민과의 접촉을 통해서 정보나 자료를 수집함으로써 계획수립의 정확성과 안전성을 기대
절차적 보장기능	입법으로 보장되어 있는 행정절차과정에 참여함으로써 부당한 사적 · 정치적 압력을 배제하고 주민에 의한 절차적 권리행사로 의견을 수렴하여 법적으로 보장
권리이익 보호기능	행정기관의 위법, 부당한 권한 행사를 미연에 방지함으로써 주민들의 재산권을 보호
이해조정기능	계획의 비합리성에 의견을 낼 수 있어 민주적인 계획 결정이 되게 할 뿐만 아니라 사후의 손실보상을 최소화
계획집행 능률성	계획을 실시하는 단계에 그 실현이 원활하게 수행되어 계획 집행의 능률성을 제고

성화에도 기여하므로 주민참여를 통한 사업의 계획과 수행의 합리성과 민주성을 높이는 것이 중요하다.

주민들은 도시재생사업 수행에 필요한 것이 무엇인지를 정확하게 인지하고 있어 주민의 적극적인 참여는 성공적인 사업의 수행에 도움이 된다. 주민은 지역사회의 구성원으로서 사업참여를 통해 지역사회에 대한 책임감을 높이고 재정착률도 높일 수 있으며 주민 상호 간의 신뢰도 회복할 수 있다.

2. 도시재생에서의 주민참여 방법

선행연구에는 도시재생사업에 대한 다양한 주민참여 방법을 보여주고 있다. 주민참여의 주체에 따라 4개 항목을 기준으로 분류하면 행정주도형, 주민주도형, 전문가주도형 그리고 복합적 주도형으로 구분된다.

공청회, 기관장과의 대화, 간담회, 전시회 등이 행정주도형 주민참여방식에 포함된다. 도시재생은 단순한 물리적인 차원의 환경정비가 아니라 사회, 경제, 문화, 복지 등 다양한 분야의 재생이 필요하다. 따라서 행정은 공공의 장점을 확보하기 위해 제도적 기반을 마련하면서 동시에 사업 추진에 방해되는 요인을 해결해야 한다. 이러한 과정에서 주민들의 적극적인 참여를 통한 원활한 사업 추진이 가능하므로 다양한 참여방식을 모색해야 한다.

두 번째 참여 유형은 전문가주도형인데 특별위원회, 자문그룹, 환경교육, 참여훈련, 보고서, 설명회 등의 방식이 이러한 유형에 포함된다. 전문가는 도시재생사업의 주체는 아니지만 도시재생과 관련된 전문적인 교육을 통해 지역주민의 주인의식을 높이고 적극적인 참여를 유도할 수 있다. 또한 도시재생에 관한 전문적인 자문과 정보를 제공할 수 있어 주로 자문위원회의 형식으로 사업에 참여하게 된다. 이외에도 각 계층의 이해관계를 조율하는 데 도움을 줄 수 있고 보고서 작성, 포럼 등 여러 형태로 전문가주도의 주민참여를 유도할 수 있다.

주민주도형 참여는 시민단체 참여, 견학, 거리투표, 주민운동, 주민제안, 주민평가회 등 다양한 형태가 포함되며 이러한 유형의 주민참여는 주민의 재정착과 지역사회 유지에 도움이 된다. 도시재생사업 추진과정에서 발생하는 주민 간의 갈등이나 이해관계를 주민참여를 통해 스스로 해결할 수 있는 기회를 줄 수 있는 효과도 있다. 또한 주민들의 적극적인 참여로 시행되고 도시재생사업의 의사결정에 영향을 미치는 과정은 도시재생사업에 대한 주민들의 만족도를 높일 수 있다.

❙ 표 6-2 ❙ 도시재생에서의 주민참여방법

구분	세부지표	구분	세부지표
행정 주도형	① 공청회 · 공람 ② 기관장과의 대화 ③ 간담회 ④ 전시회 ⑤ 리플릿 · 팸플릿 ⑥ 소식지	전문가 주도형	① 특별위원회 ② 자문그룹 ③ 환경교육 ④ 참여훈련 ⑤ 보고서 ⑥ 설명회 · 포럼 ⑦ 일상적 주민접촉
주민 주도형	① 시민단체 참여 ② 견학 ③ 거리투표 ④ 주민운동 ⑤ 주민제안 ⑥ 주민평가회	복합적 주도형	① 우편 ② 설문지 조사 ③ 워크숍 · 실제적 계획 ④ 대중매체 · 시청각 자료

❙ 표 6-3 ❙ 도시재생에서의 주민참여방법의 특징

참여 기법	성격	주도그룹	규모	초점	주요 내용	기술 수준	결과물	유형
디자인 워크숍	상호적, 참여적	컨설턴트	대/소그룹	직접적, 결과물 연계	정보, 아이디어, 태도	보통	주로 정성적	일회적
소그룹	상호적, 참여적	커뮤니티, 자원자, 컨설턴트	소그룹	직접적, 간접적, 장기적	모두	낮음	혼합적	정기적
초점그룹	상호적, 참여적	전체	소그룹	직접적, 간접적	모두	보통	주로 정성적	수시적
포럼	상호적, 참여적	계획가, 개발가	주로 대그룹	전체	정보, 아이디어, 기술	낮음	오직 정성적	정기적
실제적 계획	상호적, 참여적	컨설턴트, 계획가	대/소그룹	전체	모두	낮음	혼합적	가끔
견학	상호적, 참여적	전체	소그룹	직접적, 간접적	모두 (판단은 제외)	낮음	주로 정성적	일회적
환경교육	상호적, 예비적	컨설턴트, 계획가	관계없음	장기적	정보, 아이디어, 태도	보통	주로 정성적	정기적
참여훈련	상호적, 예비적	컨설턴트	소그룹	장기적	정보, 아이디어, 태도	보통	주로 정성적	일회적
관리개발	상호적, 예비적	컨설턴트	소그룹	장기적	정보, 아이디어, 태도	낮음	주로 정성적	정기적
전시회	일방적, 정보제공	개발가, 계획가, 컨설턴트	개인	직접적	정보, 아이디어, 판단	보통/ 높음	주로 정량적	일회적
공청회	일방적, 정보제공	전체	대그룹	직접적	모두 (판단은 제외)	보통	혼합적	정기적 혹은 가끔
리플릿	일방적, 정보제공	전체	개인	직접적	정보, 아이디어, 판단	어느 것이나	주로 정량적	일회적
소식지	일방적, 정보제공	전체	개인	전체	모두	보통/ 높음	혼합적	정기적
시청각 자료	일방적, 정보제공	전체	개인	직접적	정보, 태도, 판단	보통/ 높음	주로 정성적	일회적
설문	일방적, 사실발견	전체	개인, 소그룹	직접적, 간접적	정보, 태도, 판단	보통	오직 정량적	일회적
면접	일방적, 사실발견	전체	개인, 소그룹	직접적, 간접적	모두	보통	혼합적	일회적
거리조사	일방적, 사실발견	전체	개인	직접적	모두	낮음	주로 정량적	수시로
캠페인	일방적, 홍보	전체 (계획가 제외)	관계없음	직접적, 간접적	모두	관계 없음	주로 정성적	가끔/지속 적으로

자료: DoE, *Community Involvement in Planning and Development Process*, pp. 64-68.

마지막으로 우편, 설문지 조사, 워크숍, 대중매체를 통한 참여는 복합적 주도형 참여에 포함되며 행정, 전문가, 주민주도의 참여방법에 모두 사용할 수 있는 방법이다. 참여의 효과를 높이기 위해 다른 여러 참여방법과 병행하여 활용하게 된다.

3. 해외 사례: 홍콩의 도시재생사업의 주민참여[1]

1) 홍콩의 도시재생 소개

홍콩은 1970년대 도시 확장기에 건설된 건축물과 기반시설이 노후화되었고 이러한 노후화시설들은 계속 증가할 것으로 예상하고 있다. 이러한 배경에서 원활한 도시재생사업 추진을 위해 1987년에 「토지발전공사조례」를 제정하였고 1988년에 토지발전공사(LDC)를 설립하여 체계적으로 도시재생사업을 추진할 수 있는 기초를 마련하였다. 하지만 자금부족과 토지매입 등이 느리게 진행되면서 도시재생사업이 시설의 노후화를 따라가지 못하는 한계가 있었다. 이후 2000년 6월에 「도시재개발국 조례」를 통과시켰고 2001년 5월 도시재생청(URA: Urban Renewal Authority)이 LDC를 대체하여 도시재생사업을 주관하여 진행하였다. URA는 도시재생 운영을 위한 핵심전략으로 재개발(Redevelopment), 재건(Rehabilitation), 재활성화(Revitalization), 보전(Preservation)을 포함한 4Rs전략을 구상하여 수행하였다.

1 주민참여 형태를 구분하는 방법은 연구자마다 다르고 행정주도형, 주민주도형, 전문가주도형 그리고 복합적 주도형으로 구분하고 홍콩 사례를 소개하는 내용은 홍연 · 이상호(2012)의 연구를 주로 참조하였다.

URA의 가장 큰 특징은 주민친화적 도시재생과 포괄적이고 통합적인 접근을 중시한다는 점이다. URA 원칙에는 “재개발의 영향을 받는 주민에게는 해당 프로젝트에 대해 의견을 낼 수 있는 기회를 제공해야 한다”라고 명시하고 있다. 이러한 원칙에 따라서 URA는 집행자 및 조력자 역할을 수행하면서 정부, 주민, 민간건설업체 간의 이해관계를 조율한다.

2) 홍콩 도시재생사업의 주민참여 형태

(1) 행정주도형 주민참여

① **공청회 · 공람**: 조례에 따라서 프로젝트 시행시점에서 2개월 동안 ‘홍콩 관보’에 고시해야 하고 동일한 기간 동안 매주 한 번씩 중문 · 영문 신문에 각각 고시해야 한다. 해당 프로젝트에 영향을 받는다고 생각하는 주민들은 프로젝트에 반대하는 진술서를 URA에 제출할 수 있다. 또한 반대 의견에 대한 결정에 대해 억울하다고 생각하는 주민은 결과 고시 30일 이내에 상소위원회에 상소통지서를 제출할 수 있다. 상소는 공개공판으로 진행되고 결과는 관보에 고시되어야 한다.

② **기관장과의 대화**: 2008년 URA 의장 및 의원 등 주요 관계자들은 400여 명의 주민과 소통의 장을 마련하고 매입과 보상정책에 대한 질문과 답변을 통한 주민과의 의사소통을 강화하기 위해 노력하였다.

③ **간담회**: 토지소유자, 세입자, 상인, 버스기사 대표 등 1,000여 명이 참석하는 간담회를 2007년에 60차례 진행하였다. 참석자들은 미래도시계획의 절차와 매입문제에 대해 질문하고 설명을 들었으며 토지소유자와 세입자의 의문에 대한 내용을 정리하여 소식지에 발표하였다. 또한 매입정책에 대하여 토지소유자 및 세입자에게 설명하기 위한 간담회를 33회 진행하였고 세입자만을 위한 간담회도 4차례 열어 보상

정책을 설명하였다.

④ **전시회**: 쿤통사무실을 만들어 사업정보를 전시하고 지역주민들의 민원을 해결해주는 역할을 했으며 4차례 도로전시를 진행하였고, 주민의견을 수렴하여 최종안을 진행하기 위해 총 85,439명이 현장을 찾아 투표하였다.

⑤ **리플릿 · 팸플릿**: 쿤통재개발계획, 시공단계의 수요에 따라 도로변경에 관한 자문 등의 자료를 제공하여 도시재생에 대한 주민들의 참여를 높였다. 보상정책에 대하여 매입 프로세스, 주택 및 비주거용 건물의 매입원칙, 일반원칙 등에 대하여 소유주와 세입자로 나누어 구체적인 건물매입 매뉴얼을 제공하였다.

⑥ **소식지**: 지역신문 '쿤통로'를 지면과 온라인을 병행하여 발행하였고 해당 지역에서 무료로 배포하여 관련 소식을 전하는 동시에 설문조사도 진행하였다. 소식지는 홍콩에서 진행하는 도시재생에 관한 일반적인 소식을 전하기보다는 쿤통지역에만 해당되는 내용 위주로 전달하고 대상자가 명확하고 사업이 해당 주민과 관련성이 높아 더욱 주민들의 관심을 끌 수 있을 뿐만 아니라 주민들이 시의적절하게 의견을 개진할 수 있는 장점을 가지고 있다.

(2) 전문가주도형 주민참여

① **특별위원회**: URA는 비영리단체로 도시재생사업만을 주관하는 전문기관이다.

② **자문그룹**: 쿤통지구 자문위원회를 설립하여 위원회의와 소모임을 개최하였다. 자문그룹은 주민대표 등 이해관계단체와의 32차례 회의를 진행하였다. 또한 자문위원회, 쿤통구의회, 정부기관대표, 지역주민,

상인, 전문가, 민간조직대표 등으로 구성된 쿤퉁재개발사업 설계 커뮤니티 공간을 설립하여 다양한 전문가의 참여를 유도하고 공동으로 계획안을 마련하였다.

③ **환경교육**: 학생 및 지역단체에 도시노화문제 · 도시재생과정 등 도시재생에 관한 다양한 정보를 제공하기 위해 도시재생탐구센터를 설립하였다. 초등학교와 중학교 교육과정에 맞는 도시재생 교육을 진행하여 도시재생에 대한 인식을 높여주었다. 온라인 게임을 통해 도시재생 정책에 대한 정보를 제공하고 구시가지 생활탐구, 전시구역, 환경보호구역 등을 탐구관에서 설치 운영하고 있다.

④ **참여훈련**: 정부 혹은 전문가주도의 도시재생 참여훈련을 준비하고 있다.

⑤ **보고서**: 보고서를 통해 다양한 주민의 주민참여 의식을 높이고 적극적인 참여를 유도하고 있다. 홍콩대학의 도시계획 및 환경관리연구센터는 URA와의 협력으로 주민 의견조사를 하였다. 여기에서는 대다수 주민들이 긍정적인 태도를 가지고 있지만 보상정책에 대해 정확히 알지 못하고 있는 점을 걱정하는 것으로 나타났다. 연구팀은 주민들을 여러 차례 방문하고 설문조사를 진행하여 쿤퉁재개발 계획－공공자문보고서를 발표하였다.

⑥ **설명회 · 포럼**: 정부는 포럼을 통해 도시재생의 범위, 목표, 규모 등에 대해 설명한다. 포럼은 사회영향평가 등 다양한 활동을 여러 차례 진행한다. 포럼에서 완성된 보고서는 주민들에게 공개하여 열람할 수 있도록 한다.

⑦ **일상적 주민접촉**: 도시재생 관련 직원은 주기적으로 주민조합 및 주민을 방문하여 애로사항을 들어주고 해결방안을 모색한다.

(3) 주민주도형 주민참여

① **시민단체 참여**: 커뮤니티 서비스 팀을 구성할 수 있도록 지원하며 도움이 필요한 주민이 있으면 URA 직원들과 함께 지원한다. 쿤퉁주민조합은 비영리단체로서 지역주민의 대표로서 행정기관과 정부와 대화의 장을 마련하는 역할을 한다.

② **견학**: 행정기관이나 전문가가 주도하는 견학은 잘 이루어지지만 주민이 자주적으로 견학을 진행하는 경우는 거의 없다.

③ **거리투표**: 재개발사업에 대한 3개의 방안에 대해 모형을 전시하고 거리투표를 진행하였다. 이와 동시에 현장인터뷰, 설문조사 등 다양한 방식으로 주민들의 의견을 수렴하였다. 의견이 취합되면 통계분석을 거쳐 공공자문보고서에 수록하였다.

④ **기타**: 주민제안, 주민평가회 등 주민 자주적으로 이루어지는 경우는 거의 없고, URA 주도하에 주민들의 사업참여를 유도하고 있다.

(4) 복합적 주도형 주민참여

① **우편**: 주민 의견 수렴 시 주민들이 쉽게 의견을 개진할 수 있는 방법을 제시해야 한다. 따라서 주민의 편의에 따라 우편으로 의견을 받기도 한다. 소식지를 통한 설문조사도 가능하고 우편 형식으로 의견을 받았다. 예를 들면 전시 후 우편으로 설계안에 대한 의견을 받아서 최종안에 반영하기도 하였다.

② **설문조사**: 설문조사 결과를 분석하여 가장 선호도가 높은 설계안을 채택하였고 주민의견에 따라 설계안을 보완하였다.

③ **워크숍 · 실제적 계획**: 지역의 도로 봉쇄 및 육교건설을 위한 워크숍을 진행하였다. 또한 지역의 교통과 운송에 관한 설계안을 위한 워크숍

을 진행하였다. 조민들은 모든 워크숍에 참여하여 의견을 제시하여 설계에 동참할 수 있다.

④ **대중매체 · 시청각 자료:** 도시재생 전략에 관한 방송과 라디오 프로그램을 운영한다. 현행 진행되고 있는 도시재생 전략을 소개하고 도시재생 경험이 풍부한 전문가를 방문하여 주민들이 가지고 있는 도시재생에 대한 의문을 해결하는 방식으로 진행하였다. 또한 기자간담회를 진행하고 다양한 온라인 매체의 보고와 의견을 수렴하기도 한다.

3) 홍콩 도시재생 주민참여의 특징

홍콩의 경우 정부기관이 아닌 독립적인 법인단체인 URA가 사업을 주관하고 있어 정권 교체가 이루어질 경우 발생하는 정책 변화의 영향을 크게 받지 않고 일관성 있게 사업을 추진할 수 있다는 장점이 있다. 인본주의 원칙하에 행정을 수행하면서 주민참여를 중요하게 생각하므로 다양한 형태의 주민참여를 끌어낼 수 있었다.

표 6-4 행정주도형 주민참여

세부지표	반영	특성
공청회 · 공람	○	2개월 관보 고시, 중 · 영 신문 고지; 의견수렴; 상소
기관장과의 대화	○	주민과 URA 의장과의 대화
간담회	○	이해관계자별로 수차례 간담회 진행
전시회	○	도로전시, 상설전시관 보유
리플릿	○	각 단계의 리플릿; 보상 매뉴얼; 설계 팸플릿
소식지	○	개발지역별 전문 소식지 발행

표 6-5 전문가주도형 주민참여

세부지표	반영	특성
특별위원회	×	URA가 도시재생사업을 주관
자문그룹	○	사업별 자문위원회; 설계공간에 참여
환경교육	○	도시재생연구센터에서 교육실시
참여훈련	×	구체적인 참여훈련은 없음
보고서	○	연구기관의 도움으로 보고서 작성
설명회 · 포럼	○	도시재생지구 포럼에서 정보 제공
일상적 주민접촉	○	직원과 비영리단체가 주민문제 해결

정부가 적극적으로 전문가를 지원하고 있어 전문가의 자문 외에 교육, 보고서, 포럼 등의 다양한 방법으로 전문가들의 참여가 가능하다. 전문가 그룹은 다양한 교육과 정보 제공을 통해 도시재생의 주인이 지역주민임을 인식시켜 주고 도시재생사업에 대한 주민들의 관심도를 높이는 역할을 수행한다.

표 6-6 주민주도형 주민참여

세부지표	반영	특성
시민단체 참여	○	가정서비스센터와 협력하여 커뮤니티 네트워크를 유지; 주민조합 설립
견학	×	주민이 주도한 견학은 없음
거리투표	○	도로전시를 통해 투표; 설문을 겸함
주민운동	×	주민 자발적인 운동과 제안, 평가회는 없음
주민제안	×	
주민평가회	×	

홍콩에서 주민의 참여는 여전히 수동적이고 전문가 위주로 이루어지고 있었다. 주민들의 주인의식과 책임감 향상이 필요하다.

표 6-7 복합주도형 주민참여

세부지표	반영	특성
우편	○	의견수렴 시 다른 방법과 결합하여 사용
설문지 조사	○	도로전시 등 기타 방법과 결합하여 사용
워크숍 · 실제적 계획	○	사업 각 단계의 필요에 따라 진행
대중매체 · 시청각 자료	○	매체를 통해 재생 기술, 정보 제공

행정주도형, 전문가주도형, 주민주도형이 복합적으로 참여하여 효율성을 높이고 주민과의 거리를 좁힐 수 있어 주민참여가 효율적으로 이루어질 수 있는 장점이 있다.

참조문헌

권정주 · 조진희 · 전원식 · 황희연. (2012). 도시재생사업 추진과정에서 나타난 거버넌스 참여주체별 의사결정 영향력 분석: 청주시 도시재생사업 의사결정 과정 중심으로. **도시행정학보**, 25(2), 325-343.

김미연 · 여욱현 · 최진원. (2010). 도시재생을 위한 주민참여형 설계지원 시스템에 관한 연구. **대한건축학회 논문집-계획계**, 26(4), 231-241.

김세용. (2002). 지구단위계획에서 주민참여에 관한 연구(A Study on the Citizen Participation in District Unit Planning). **대한건축학회 논문집-계획계**, 18(9), 195-202.

김태동 · 성순아 · 황희연. (2014). 도시재생사업의 주민만족도에 대한 창원과 청주 사례 비교분석. **환경정책**, 22(2), 153-181.

류동길 · 박원석. (2010). 주민참여를 통한 항만형 도시재생사업의 활성화 방안 -부산 북항재개발사업을 중심으로-. **한국경제지리학회지**, 13(3), 381- 397.

문재흥 · 김종진. (2018). 중소도시 도시재생 지역의 주거만족도에 관한 연구: 전주시 도시재생 TB를 중심으로. **주거환경**, 16(2), 141-157.

박인석 · 염철호 · 차주영. (2009). 영국 도시재생사업에서 참여주체별 역할과 협력관계: 통합재생사업과 마을재생사업 사례를 중심으로. **대한건축학회 논문집-계획계**, 25(12), 349-360.

서남진 · 김호철. (2019). 도시재생사업에 대한 주민만족도 결정요인 연구-도시활력증진사업을 중심으로-. **대한부동산학회지**, 37, 25-46.

성순아 · 오후 · 황희연. (2015). 도시재생사업에서 주민참여활동이 지속적 참여 동기에 미치는 영향 분석: 청주시 사직 2동을 중심으로. **대한지리학회지**, 50(4), 393-406.

신현주 · 강명구. (2017). 도시재생사업에서 주민참여 수준에 관한 연구: 서울시

용산구 해방촌 사례를 중심으로. 한국지역개발학회지, 29(3), 25-46.

이나영 · 안재섭. (2017). '근린재생 일반형' 도시재생사업과 주민참여 활성화 방안: 서울시 구로구 가리봉동을 중심으로. 한국도시지리학회지, 20(3), 63-78.

이병대 · 심재승. (2012). 주민참여 마을 만들기를 통한 구도심 재생에 관한 연구: 일본, 영국, 미국의 도시사례를 중심으로. 한국지적정보학회지, 14(2), 183-206.

이지숙. (2008). 커뮤니티 활성화를 위한 도심재생에의 주민참여수법에 관한 고찰. 한국생활과학회지, 17(3).

전병혜 · 송혜승 · 이명훈. (2017). 도시재생을 위한 시민참여 교육프로그램의 운영현황과 개선방안 연구. 한국지역개발학회지, 29(4), 155-181.

조진희 · 김동호 · 황희연. (2008). 주민참여 도시계획의 평가방법에 관한 연구: 청주시 사례를 중심으로. 한국도시설계학회지-도시설계, 9(1), 47-58.

진은애 · 이우종. (2018). 도시재생사업의 주민참여가 사회적자본 형성에 미치는 영향: 부산 아미초장 도시재생사업지역을 중심으로. 한국주거학회논문집, 29(5), 77-88.

한슬기 · 김정빈. (2016). 도시재생사업 내 민간 비즈니스 참여와 역할: 영국 도시재생 거버넌스와 주도적 디벨로퍼 분석을 중심으로. 서울도시연구, 17(3), 25-44.

홍연 · 이상호. (2012). 홍콩 사례를 통한 도시재생 사업에서의 주민참여 개선안 연구. 대한건축학회 논문집-계획계, 28(8), 55-62.

7장 갈등관리

1. 도시재생 갈등의 개념

1) 도시재생의 갈등과 관리

갈등은 행동주체 간의 대립적 상호작용을 말하며 현대사회의 조직 내 · 외부에서 흔히 나타나는 현상을 말한다. 하지만 갈등은 다차원적이고 동태적인 특성을 지니고 있고 범주 또한 넓어 분야에 따라 다양한 의미를 가진다. 따라서 갈등에 대한 개념은 학자들의 연구 목적에 따라 다양하게 정의되고 있다. 따라서 갈등에 관한 다양한 학자들의 정의를 종합한 특징을 살펴보면 다음과 같다.

첫째, 조직 내 개인, 집단 그리고 이 모두를 포함한 조직 전체가 갈등의 주체에 해당된다. 갈등은 둘 이상의 갈등주체 사이에 발생하는 현상이다. 둘째, 갈등의 발생이 반드시 조직에 해를 끼치는 것은 아니다. 갈등은 조직을 위해 도움이 될 수도 있고 해로울 수도 있는 양면성을 지닌다. 갈등의 역기능과 순기능이 항상 뚜렷하게 구분되지는 않는다. 이 둘의 관계는 시간이 흐름에 따라 변할 수 있다. 셋째, 갈등은 갈등원인의 지각, 심리적 대립현상 그리고 대립적 행동의 표면화로 이루어지는 일련의 과정을 말한다. 따라서 갈등은 동태적 과정으로 대립감과 대립적 행동을 내포하고 있다.

동태적 과정에서 갈등이 시작되면 갈등의 여러 단계가 언제나 끝까지 진행되는 것은 아니다. 특정 단계에서 중단될 수도 있고 오히려 이전 단계로 돌아가기도 하며 다른 단계로 전이되는 등 복잡한 양상을 가지고 있다. 마지막으로 갈등이 밖으로 뚜렷하게 드러나지 않더라고 당사자들이 갈등상황을 지각하고, 적대감을 느껴지기 시작할 때는 이미 갈등이 존재하는 것이다.

갈등은 어떤 조직이든 언제든지 발생할 수 있고 확실하게 예방할 수 있는 것은 아니다. 그럼에도 조직이 갈등을 어떻게 관리하느냐에 따라 긍정적인 영향을 주거나 심각한 부정적인 영향을 줄 수 있다. 따라서 조직은 조직의 생존과 지속적인 발전을 위해서는 갈등관리를 핵심적인 과정으로 보고 대응해야 한다.

갈등에 대한 정의가 다양하고 복잡한 특성을 띠고 있어 갈등관리의 정의와 범위도 다양하다. 갈등을 관리한다고 하면 흔히 갈등을 예방하고 제거하는 것을 생각하기 쉽다. 하지만 갈등관리는 조직에 해로운 갈등을 사전에 방지하거나 통제한다는 의미보다는 오히려 갈등으로부터 발생하는 긍정적인 기능을 확대시키면서 동시에 갈등의 역기능을 완화시키는 의미가 있다. 따라서 갈등관리는 단순히 갈등을 완화시키거나 해소시키는 것뿐만 아니라 갈등에 대응하는 조치를 취하고 나아가서는 조직에 유익하다고 판단되는 갈등은 오히려 조장하는 것까지를 포함하는 활동을 말한다. 갈등관리가 효율적으로 이루어지기 위해서는 갈등의 발생 원인을 분석하고 갈등을 관리하기 위한 절차나 기술을 개발하여 조직의 갈등 대응능력을 제고하는 것이 사업의 성공 가능성을 높일 수 있다.

2) 도시재생 갈등관리 연구 동향

도시재생 갈등관리에 관한 연구를 시기별로 정리해 보았다. 정창무(2001)는 신문기사의 내용을 조사하여 수도권 주택재건축 참여자 간의 갈등 특성을 분석하였다. 갈등주체, 갈등원인에 관한 내용을 분석하여 발생빈도와 갈등 강도를 기준으로 갈등을 유형화하여 지역 간 갈등의 특성과 발생 양상을 규명하였다.

오인택(2003)은 설문조사를 통해 사업 관련 주체들의 갈등 사례를 수집하여 갈등 양상을 유형화하고 발생원인, 발생빈도 그리고 이러한 갈등이 사업에 미치는 영향을 분석하였다.

문영기(2006)는 재건축 관리처분계획단계에서 유발될 수 있는 갈등을 유형화(갈등주체, 사업 시행절차, 자산분배)하였으며, 갈등 발생 원인과 갈등 해결 사례를 제시하였다.

오승재(2007)는 기존 연구를 검토하고, 관련 법률, 언론보도, 갈등 관련 판례, 사례 등 다양한 유형의 자료를 수집하여 개발주체 간의 분쟁 발생 현황과 효율적인 사업 추진을 위한 개선방안을 제시하였다.

박환용(2006)은 재건축과 재개발사업조합의 갈등 발생을 사업 추진단계별로 구분하여 사업주체 간에 발생되는 갈등 사례를 정리하고 원인을 분석하였다. 기존 연구는 갈등주체별 또는 수행단계별로 갈등 사례를 분석하였다. 반면 본 연구는 수행단계와 사업주체를 혼합하여 이해관계자들 간의 갈등 사례들을 유형화하였다는 점이 차별적이다. 갈등 분류에 따라 데이터베이스 구축과 위험도를 평가하는 등 구체적인 갈등방안을 제시한 점이 흥미롭다.

이로나와 박학기(2008)는 갈등이 발생했을 경우 재건축사업이 원활하게 진행되지 못하고 사업주체에 피해가 발행하는 등 갈등의 문제점을 정리하였다. 이러한 관점에서 갈등을 예방하고 효과적인 갈등의 영향에 대한 분석이 필요하며 체계적으로 갈등을 관리할 수 있는 절차와 시스템을 갖추고 있어야 함을 강조하였다. 재건축사업의 성공을 위해서는 사업 추진단계별로 갈등이 될 수 있는 주요 사항을 미리 파악하고 이해관계자 갈등에 미칠 수 있는 영향을 분석하는 갈등관리 시스템 구축을 제시하였다.

이슬기 외(2009)의 연구는 도시재생사업은 다수의 대규모 프로젝트가 동시에 진행되며 기간도 장기간에 걸쳐 이루어지면서 사업이 다양성, 복합성에 기인한 불확실성을 가지고 있는 특성으로 인해 주체들 간의 이해관계도 복잡하기 때문에 갈등이 발생할 가능성이 높다고 지적하고 있다. 사업 생애주기 기간 동안에 갈등은 항상 발생하며 갈등의 크기와 유형도 다양하다. 따라서 도시재생사업의 원활한 진행을 위해서는 사전 갈등 발생의 위험인지와 적절한 대응방안을 마련하는 적극적인 갈등관리가 필요하다. 연구에서는 갈등을 해결할 수 있는 방안으로 갈등을 사전에 인지하여 대비할 수 있도록 갈등 사례를 단계 및 주체별로 범주화하고 관련 정보를 제공해야 할 필요성이 있음을 제시하였다.

임미화 외(2019) 연구는 웹 크롤링 기술을 사용하여 도시재생 프로젝트에서 충돌 사례를 수집했다. 수집된 갈등 사례를 이해관계자의 정체성과 갈등이 발생한 이슈별로 분류하여 실제 현장에서의 갈등의 특성을 파악하였다. 이러한 속성들이 도시재생사업 제안의 갈등관리계획에 적절히 반영되었는지 분석하였다. 9개 도시재생사업의 갈등 124건과 2개 현장의 도시재생 뉴딜사업 제안에서 실제 현장에서의 갈등의 특성과 사업제안에서 제시한 갈등의 특성 사이에는 약간의 차이가 있음을 밝힌 점이 흥미롭다. 사업제안서의 갈등관리에 따르면 이해관계자의 정체성 유형은 주민, 상인 등 민간부문이 갈등의 주요 참여자로 나타났다. 그러나 실제 현장에서는 민간부문뿐만 아니라 공공부문이 주요 부문이기도 했다. 갈등 이슈 유형의 경우 프로젝트 제안서의 갈등관리는 실제 현장에서 발생할 수 있는 다양한 이슈를 상대적으로 잘 관리하고 있다. 따라서 갈등관리계획은 실제 갈등의 특성에 보다 적합해야 성공적인 결과를 얻을 수 있음을 제안하였다.

도시재생사업은 여러 개의 프로젝트에서 장기간에 걸쳐 동시에 발생하는 특성이 있다. 넓은 수행범위와 사업의 다양성, 복합성으로 인해 미래의 불확실성이 높고 사업과 관련된 다수의 주체들 간의 이해관계는 복잡하다. 이러한 이해관계의 복잡성은 사업기간 동안 갈등이 빈번하게 발생하게 하며, 갈등의 특성 또한 다양하다. 따라서 도시재생사업의 수행에 있어 갈등 발생의 위험을 사전에 인지하고 적절하게 대응하는 적극적인 관리가 절실히 필요하다.

한국의 도시재생사업과 정책은 시대별로 다양한 변화과정을 거쳤다. 1950년대부터 1960년대까지 정부주도의 철거 · 이주와 관련된 정책이 주를 이루었다면 1970년대 주민에 의한 개량, 재개발 위주 정책으로 전환되었다. 1980년대 이후에는 합동재개발방식의 도입으로 관련 주체 간 갈등 양상이 다양화되고 심화되었다. 도시재생사업에는 기존 토지소유자, 세입자 그리고 공공부문 등 다양한 이해관계집단들이 있다. 도시재생사업의 갈등은 관련 이해관계자들의 대립에서 발생할 뿐만 아니라 개인의 가치관이나 관심사가 상이한 경우 동일 집단 내에서 발생한다.

2. 갈등의 유형

유형화는 어떠한 현상에 대한 체계적인 분류와 근거를 제시하는 연구방법으로 도시재생 갈등이라는 혼란스러운 특성들을 단순화함으로써 현상을 요약하고 예측하는 기능을 수행한다(Tiryakian, 1968). 도시재생사업에서 발생할 수 있는 갈등을 유형화한다면 갈등이라는 복잡한 현상에 대한 특징을 이해할 수 있고 효율적인 관리가 가능하다. 대표적인 유형화 방안은 이해관계자들 간의 갈등 사례들을 수행단계별 및 사업주체별로 유형화하는 방법이다.

1) 사업단계

도시재생사업의 과정은 계획단계에서 기본계획 수립과 정비구역 지정, 시행단계 1에서 조합설립 추진위원회와 조합설립 인가, 시행단계 2에서 사업시행 인가와 관리처분계획 인가가 존재하며, 마지막 완료단계에서 착공 및 분양과 사업의 완료단계를 거친다.

2) 사업단계와 갈등주체별 갈등 유형화

어떤 사업수행단계에서 갈등이 많이 발생하는지를 살펴보면 총 113건의 갈등 사례 중에서 관리처분계획 인가에서 32건으로 가장 높았다. 그 다음으로는 기본계획 수립이 21건, 조합설립 인가가 19건, 조합설립 추진위원회는 18건, 착공 및 분양이 11건, 사업시행 인가 9건, 정비구역 지정이 8건, 마지막으로 사업의 완료에서 4건이 발생했다. 각 단계별 갈등 발생 원인은 다음과 같다.

| 표 7-1 | 도시재생사업 수행단계

Level 1	Level 2	Level 3
계획단계	기본계획 수립	기초조사, 기본계획(안) 작성, 주민공람, 지방의회 의견청취, 관계행정기관 협의, 지방도시계획위 심의, 정비기본계획 수립, 지자체 공보에 고시, 국토교통부 보고
	정비구역 지정	기초조사 확인, 정비계획(안) 작성, 주민공람/공고, 지방의회 의견청취, 정비구역 지정신청, 지방도시계획위원회/건축위원회 공동심의, 정비구역 지정 혹은 변경, 지자체 공보에 고시, 주민설명회, 국토부장관 보고
시행단계 1	조합설립 추진위원회	추진위원회 구성, 동의서 징구, 추진위 승인신청, 승인
	조합설립 인가	창립총회, 동의서 징구, 조합설립 인가신청, 인가, 조합단독 시행, 조합설립 인가신청, 시공사 선정, 통지/열람
시행단계 2	사업시행 인가	사업시행계획서 작성, 타 법령에 의한 심의 및 평가, 사업시행 인가신청, 공람 및 의견청취, 사업시행 인가/변경 인가, 공보에 고시
	관리처분계획 인가	분양신청의 통지/공고, 분양신청, 종전 자산가격/종후 자산추산액 산정, 관리처분계획의 수립, 조합총회의결, 공람/의견청취, 관리처분계획 인가 산정, 인가, 고시, 통보/통지. 수용/사용, 이주, 철거
완료단계	착공 및 분양	착공준비, 시공보증, 시공보증서 제출, 착공신고, 분양계획 작성, 입주자 모집승인신청, 승인, 토지 등 소유자 분양 및 일반 분양
	사업의 완료	준공인가신청, 준공검사실시, 준공인가, 공사완료고시, 확정측량, 토지분할, 이전고시, 보고, 등기촉탁, 조합의 청산 및 해산

자료: 이슬기 외 2인(2009). "도시재생사업에서의 갈등 사례 유형 분석", 한국건설관리학회 논문집, 제10권 제6호, p.82.

(1) 계획단계

계획단계(기본계획 수립 및 정비구역 지정)에서는 중앙정부의 도시 정비 사업 관련 정책결정에서 많은 갈등이 발생한다. 대표적인 갈등 사례로는 사업추진 방식을 재개발할지 혹은 재건축이 좋을지 결정하는 과정에서 주민과 해당 기관의 의견충돌이 발생한다. 행정기관의 도시관리 차원에서의 참여 희망과 달리, 지역주민은 민간참여를 통한 사업이익의 극대화를 바라는 입장이기 때문에 행정기관과 지역주민 간 갈등이 발생한다. 또한 사업성 확보를 위해 층수 완화 및 용적률 증대 요구는 갈등을 발생시킨다.

(2) 시행단계 1

추진위 구성과 조합설립단계에서 사업이 본격적으로 추진되는 단계로 사업주체에 해당하는 조합의 결정에 따라 비용이 발생한다. 사업 추진에 대한 결정으로 인해 조합원은 비용 부담을 지게 된다. 이로 인해 이익 극대화를 위해 조합에서는 사업기간 단축과 규제 완화, 업체선정 등의 요구를 하게 된다. 또한 사업주체 간 서로 비용을 전가하고자 할 때 갈등이 발생할 수 있고 시공사 및 협력업체 간의 갈등, 행정관청의 감독, 지도과정에서 갈

| 그림 7-1 | 사업수행단계별 갈등 발생 빈도

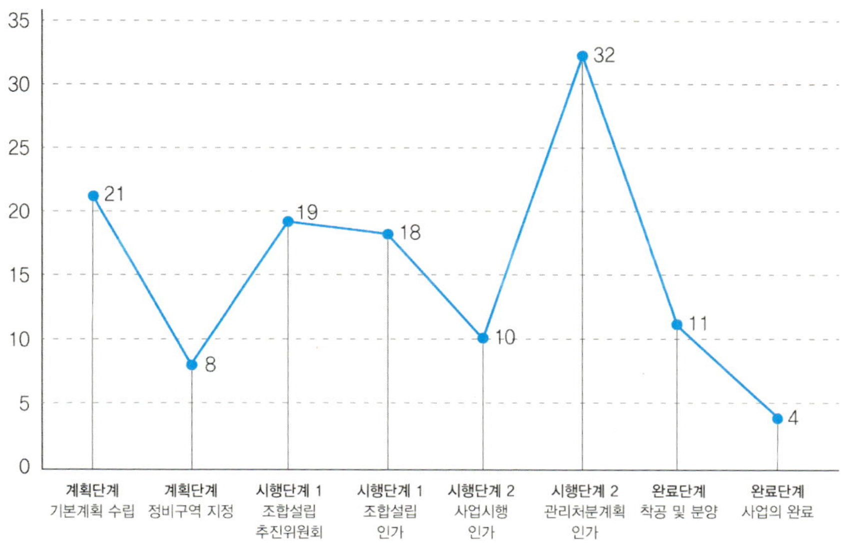

자료: 이슬기 외 2인(2009), "도시재생사업에서의 갈등 사례 유형 분석", 한국건설관리학회 논문집, 제10권 제6호, p.82.

등이 빈번하게 발생한다. 행정관청의 추진위원회 승인과정 시 처리기준 불명확에 대한 갈등이 발생할 수 있다.

(3) 시행단계 2

사업시행 인가와 관리처분계획 인가단계에서는 세입자와 조합 간의 갈등이 발생하는 시점이다. 세입자그룹은 도시정비사업의 여러 단계에서 대부분 소외된다. 이후 이주비 및 임대아파트 등 보상이익을 최대화하기 위한 노력이 관리처분계획단계에서 이루어진다. 하지만 보상이익과 개발이익은 상충적 관계이다. 따라서 조합은 협상보다는 강경한 입장을 고수하는 경우가 많아 심한 갈등이 발생할 수 있다. 조합 내부적인 갈등 또한 발생하는데, 이는 조합 및 조합임원 간 불신임으로 인한 갈등을 의미한다. 또한 운영상의 갈등이 발생하는데 초기 사업 추진단계에서 명확한 절차나 기준이 미비할 경우 갈등이 발생하며 계약당사자 간의 계약금 지급문제나 업체 간 과다 경쟁으로 인해 협력업체로 선정되기 위해 상대 업체를 비방하는 문제도 발생한다. 또한 선정과정에 영향력이 있는 조합임원과의 접촉과정에서 조합임원 간의 갈등이 발생하기도 하며 조합과 행정기관 간 갈등은 기반시설 부담에서 비롯된다.

(4) 완료단계

완료단계는 사업의 결과로 발생되는 비용과 이익을 분배하는 단계로 공정한 개발이익의 분배는 쉽지 않고 조합원 개인의 이익과 직접 관련되어 있어 민감하게 반응하는 단계이기 때문에 갈등이 발생할 가능성이 매우 높다.

| 그림 7-2 | 갈등주체별 갈등 발생 빈도

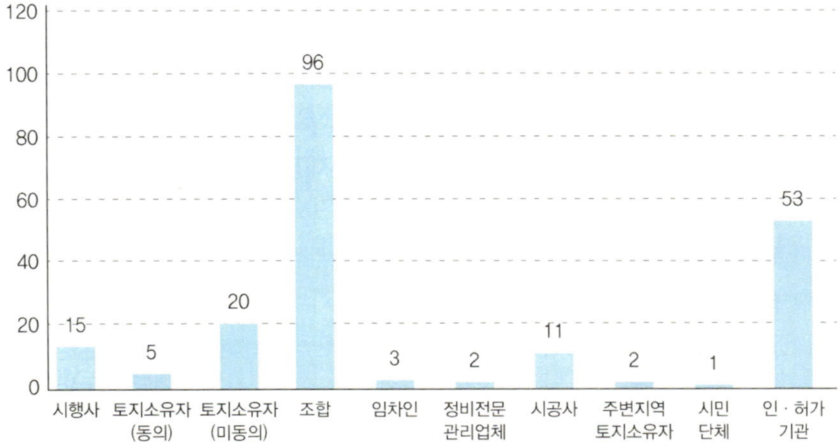

도시재생사업 추진 시 어떤 이해관계자가 가장 많은 갈등을 일으키는지, 그리고 어떤 주체들 간의 갈등이 심각한지를 분석한다면 갈등 완화에 많은 대응책을 마련할 수 있는 자료가 될 수 있다. 여러 주체 중에서 조합(추진위)이 가장 갈등 발생 빈도가 높았고 그 다음으로 지방정부 및 기타 행정기관, 인 · 허가기관이 높은 갈등을 발생하는 것으로 나타났다.

참조문헌

강명구. (2012). 콤팩트시티(압축도시)형 도시재생을 둘러싼 사회적 후생과 개별적 이해 간의 근원적 갈등에 대한 이론적 탐색. **한국지역개발학회지**, 24(4), 27-40.

백민석 · 황재훈. (2016). 도시재생사업 추진과정에서의 참여주민간 의사결정권에 관한 연구. **부동산학보**, (67), 45-57.

이로나 · 이학기. (2008). 공동주택 재건축사업의 갈등관리에 관한 연구. 한국건설관리학회 학술대회, 467-470.

이슬기 · 권해림 · 유정호. (2009). 도시재생사업에서의 갈등사례 유형 분석. **한국건설관리학회 논문집**, 10(6), 78-87.

임미화 · 박희태 · 최성윤 · 김진영 · 김현수. (2019). 도시재생사업에서 발생하는 갈등과 갈등관리 계획상의 갈등 유형 간 차이에 관한 연구: 도시재생 선도지역 사업과 도시재생뉴딜 사업계획서를 중심으로. **국토계획**, 54(1), 5-17.

홍의동 · 정의담 · 성순아 · 황희연. (2013). 도시정비사업 과정에서 나타난 갈등구조 분석: 도시재개발사업 지구 내에서 도시재생사업이 진행된 청주시 사직 2동을 대상으로. **국토계획**, 48(6), 441-469.

8장 도시재생 모니터링 지표

1. 모니터링과 평가의 개념

1) 모니터링

모니터링이란 일반적으로 대표적인 사업과정평가 중의 하나이다. 다른 말로는 점검이라고 부르기도 한다. 성과 모니터링은 사업 목표를 달성하기 위한 사업 추진의 주기적인 측정을 말한다. 모니터링을 통해 정책 혹은 사업은 원래 수립했던 목적을 달성할 수 있다. 모니터링의 주요 기능은 순응기능, 감사기능, 회계기능, 설명기능으로 구분할 수 있다.

- 순응기능은 기준과 절차에 적응하고 행동하는지 판단한다.
- 감사기능은 서비스와 자원이 적용되고 있는지 확인한다.
- 회계기능은 사업의 진행으로 사회 · 경제 변화요인 관련 정보를 창출한다.
- 설명기능은 상이한 정책 결과와 사업의 결과를 설명하기 위한 정보를 창출한다.

또한 모니터링은 계획, 과정, 성과로 유형화할 수 있다.

- 계획 유형은 사업활동과 사전에 계획한 기준 · 측정값과 비교하는 것

을 의미한다. 계획 유형에서는 사업활동이 사전에 계획한 설계에 맞추어 시행되고 있는지를 평가한다.

- 과정 유형은 사업활동 진행에서 사업 목적에 알맞은 진행이 되고 있는지에 대해 평가한다. 과정 유형에서는 사업과 관련된 진행정보를 포함하여 환경 및 사업의 영향을 받는 집단에 대해서도 정보를 제공한다.
- 성과 유형은 사업의 결과 및 산출물을 측정하고 사업활동에 따른 성과를 사업 이전에 기대한 성과와 비교하는 것을 의미한다. 성과 유형은 주기적인 모니터링 측정에 중요성이 있다.

도시재생사업의 모니터링은 정책의 성과를 측정하는 성과 모니터링이라고 할 수 있으며, 사업 시행 전후 비교 및 지속적인 모니터링이 필요하다(최민아 외, 2013).

도시재생지원기구(LH 한국토지주택공사)와 건축공간연구원에서 선도지역 모니터링을 관리하고 있다. 특히 도시재생지원기구는 지자체 활성화 계획과 사업 시행에서 모니터링 등을 시행하고 있다.

2) 평가

평가는 계획된 정책 목표에 다다르기 위한 과정을 검토하는 활동이라고 할 수 있으며, 평가에는 과정과 성과를 점검하는 활동이 포함된다. 모니터링과 평가는 사업의 효율적인 시행의 목표와 사업 진행에서의 점검의 방향에서는 유사하다고 할 수 있다. 그러나 모니터링이 사업의 관리개선에 기반하고 운영 효율성을 증가시키며 사업의 성과를 검토하여 목적을 달성하려고 하는 반면, 평가는 사업 추진에서의 경제성 · 효과성 · 효율에 초점을 두고 있다. 경제성은 예산과 관련이 있으며 예산이 잘 쓰이고 있는지에 대해 집중하며, 효과성은 사업의 목표 도달 가능성, 효율은 비용 대비 효과에 집중한다.

도시재생선도사업의 평가는 「도시재생 활성화 및 지원에 관한 특별법」 제24조와 관련 「시행령」 제31조에 의거, 지자체와 광역지자체는 국토교통부에 자료 제출 후 평가를 받아야 한다.

2. 도시재생 모니터링 평가 선행연구

1) 선행연구

국내 도시재생사업에서는 단기적인 사업과 사업 성과에 집중하여 모니터링 과정은 줄이거나 제외하는 경향이 있어왔다.

도시재생사업 관련 모니터링 · 평가에 대한 선행연구는 계획 수립, 사업 선정 및 추진, 모니터링 · 평가, 제도개선으로 유형화할 수 있다. 선행연구에서는 주로 도시재생사업의 평가에 대해 연구하고 있는 것으로 나타났다. 반면 개발한 평가 · 모니터링 지표의 활용방안이나 지자체 지원에 대한 연구는 한계가 있는 것으로 나타났다. 도시재생에서 모니터링이 가지는 중요성에도 불구하고 관련 연구가 부족한 것은 관련 제도 미흡 및 사례가 부족하기 때문이라고 할 수 있다. 또한 선행연구에서는 주로 FGI(Focus Group Interview)를 활용한 전문가 인터뷰 및 이론연구를 통해 평가지표를 개발하였으며, 지표에 대한 순위 구분은 AHP(Analytic Hierarchy Process) 분석방법을 통하여 결론짓고 있다.

따라서 기존 선행연구에서는 도시재생과 관련된 지표의 개발과 평가 · 모니터링의 방안을 모색하는 데 성과가 있으나, 지자체의 계획 수립 설정에

| 표 8-1 | 도시재생 모니터링 · 평가에 관한 연구

분류	연구자	연구 내용
계획 수립	홍의동 (2012)	한국 청주시와 영국 셰필드시의 비교연구를 통한 지속가능한 도시재생사업의 발전방향 정립
	문수봉 (2011)	도시재생 연계사업 주체, 대상과 범위, 연계사업 결정기준 등에 대한 구체화
	강현구 (2009)	도시재생사업의 특성을 고려한 가치관리방안을 통한 성공적인 도시재생사업 수행방안 제시
사업 선정 및 추진	최기택 (2012)	구도심을 재생하기 위해 필요한 상업 및 업무기능의 회복방안 제시
	문선협 (2012)	중심시가지 전반에 걸친 쇠퇴현상 억제 및 성공적인 중심시가지 활성화 모델 창출을 위한 중장기적 방안 모색
	조완기 (2009)	도시재생과정에서 적용되는 공공디자인의 발전방안에 대한 정책적 함의 모색
	김승운 (2012)	컴팩트 시티 개념을 도입한 중소도시 구도심의 도시재생 방향 도출
모니터링 · 평가	이창구 (2013)	지속가능성 측면의 개선방향 모색 및 사전평가방법 제시
	김유민 (2013)	탄소중립 녹색도시의 국내 적용 가능 계획지표를 개발하고 이에 따른 평가기준 마련 및 제시
	김흥수 (2012)	도시재생사업의 운영체계와 특징에 대하여 창원과 일본을 비교함으로써 국내 지방도시의 도시재생사업 모델에 대한 시사점 도출
	윤용건 (2012)	도시재생사업의 본질적 의미와 도입취지에 입각한 총체적이고 포괄적인 도시재생사업에 대한 평가지표 개발
	이필용 (2009)	효율적인 도시정비 및 재생사업을 실현하기 위한 민관 파트너십과 거버넌스 체제 구축을 위한 실천적 함의 제언
제도 개선	이정재 (2011)	기존의 물리적 기준 위주로 지정되는 주거환경개선사업 정비구역의 지정기준을 보다 폭넓게 강화할 수 있도록 개선방안 제시
	이종원 (2010)	입체도시계획제도 관련 법령을 분석하여 국내 제도의 문제점을 파악하고 국내외 사례조사 및 전문가 설문조사를 통해 입체 도시계획기법의 시사점 도출

는 한계가 있고 일부 도시재생 사례의 분석 틀을 구현하는 데 그치고 있다.

2) 모니터링과 평가 항목

「도시재생 활성화 및 지원에 관한 특별법」 제13조 및 「시행령」 제17조에 따르면, 도시재생은 쇠퇴한 도시지역의 재생을 통해 경제적, 사회적, 물리적, 환경적으로 도시를 활성화시키는 것으로서 도시재생 대상지역은 5개의 법정지표에 따라 선정된다. 도시 쇠퇴 지표는 관련 법에 의거, 인구 · 사업체 감소 및 생활환경의 악화와 관련된 지표를 기준으로 선정되었다.

표 8-2 | 법률에서의 도시 쇠퇴 지표

구분	주요 지표 설명
인구감소	• 최근 30년 간 인구가 가장 많았던 시기와 비교하여 20% 이상 인구가 감소한 지역 • 최근 5년간 3년 이상 연속으로 인구가 감소한 지역
사업체 수 감소	• 전국사업체 총조사 결과, 최근 10년간 총사업체 수가 가장 많았던 시기와 비교하여 5% 이상 총사업체 수가 감소한 지역 • 최근 5년간 3년 이상 연속으로 총사업체 수가 감소한 지역
주거환경 악화	• 전체 건축물 중 준공된 후 20년 이상 지난 건축물이 차지하는 비율이 50% 이상인 지역

자료: 국가법령정보센터, 「도시재생 활성화 및 지원에 관한 특별법 시행령」

이와 같이 법률에서 지정하고 있는 도시 쇠퇴 지표는 단순히 그 지역의 인구 및 경제활동을 과거와 비교하여 나타내고 있으며, 이는 도시의 쇠퇴를 과학적으로 진단하고 물리적 · 사회적 · 경제적 · 문화적 현황 자료의 수집 · 분석을 통해 도시의 잠재력과 성장요인을 도출해야 하는 도시재생전략계획의 작성방법(「도시재생 활성화 및 지원에 관한 특별법」 제16조)과는 거리가 있다.

| 표 8-3 | 선도지역 모니터링 검토 항목

단계	모니터링 검토 항목
1. 사업구상서의 보완	• 내용변경의 적절성 및 실현 가능성 • 예산집행의 실효성 • 일정계획의 합리성
2. 사업시행을 위한 조직체계 구축	• 주민협의체 구성 · 운영 현황 • 선도지역 사업총괄책임자 선정 • 전담조직 구성 · 운영 • 도시재생지원센터 구성 · 운영 • 추진협의회 구성 · 운영 현황
3. 도시재생활성화계획 용역 발주	• 과업지시서의 합리성 및 도시재생의 목표달성 가능성
4. 우선추진사업 계획수립	• 사업의 적절성 및 실현 가능성 • 시행계획의 구체성 • 연계사업 추진 및 실현 가능성 등
5. 도시재생활성화계획 수립	• 도시재생사업 내용의 적절성 • 도시재생 거점 공간 · 시설의 확보방안 • 법정사업 및 타 부처사업의 연계 • 도시재생 기반시설 설치 및 운영방안 • 주민 · 공동체 역량강화사업의 운영방안 • 예산 확보 및 집행방안 • 전문가 활용방안 • 성과관리방안
6. 사업 시행	• 도시재생정책 목표달성을 위한 세부사항

자료: 국토교통부(2014), 2014 도시재생선도지역 사업모니터링 평가 계획(안)

국토부에서는 도시재생지원기구를 활용하여 컨설팅 및 정보를 제공하고, 더 나아가 도시재생사업 추진을 위한 모니터링 및 평가지표 가이드라인을 수립하였다. 선도지역 모니터링 검토 항목은 총 6개 단계로 구분되며, 성공적인 사업 수행을 위한 단계별 모니터링 검토 항목(21개 항목)을 구성하였다. 각 단계는 사업구상서의 보완, 사업시행을 위한 조직체계 구축, 도

표 8-4 선도지역 종합평가 항목과 내용

구분	평가 항목	평가 주요 내용
기획	주민참여도	• 계획 수립 및 사업기획과정에서 주민 및 지역사회 참여 정도
	거버넌스	• 주민협의체, 사업 추진협의회 등 구성 · 운영의 충실성 • 전담조직, 지원센터 등 운영체계의 효율성 • 지자체 내 부서 간 협력 정도 • 사업 참여주체 및 이해관계자 간 협력 정도
	계획의 적절성	• 지역자원, 지역역량 등 지역특성 반영 및 활용 정도 • 도시재생사업 내용의 구체성과 타당성 • 국비 · 지방비, 민간투자 등 재원조달의 적절성 • 성과관리방안의 적절성
	사업 간 장소적 연계	• 중앙부처사업, 지자체사업 등 다양한 사업 간 연계 및 적절성 • 경제 · 사회 · 문화 · 복지 등 부문별 사업계획의 종합적 추진
집행	주민참여도	• 사업 집행과정에서 주민 및 지역사회 참여 정도
	거버넌스	• 주민협의체, 사업 추진협의회 등 구성 · 운영의 충실성 • 전담조직, 지원센터 등 운영체계의 효율성 • 사업 집행과정에서 지자체 내 부서 간 협력 정도 • 사업 참여주체 및 이해관계자 간 협력 정도
	추진 · 집행 실적	• 계획 대비 사업의 진척 정도 • 계획 대비 예산의 집행실적
	모니터링 결과 반영	• 도시재생지원기구의 모니터링에 대한 협조 및 수용 노력 • 모니터링 결과에 대한 피드백의 충실성 등
성과	목표달성도	• 성과관리방안에 제시된 목표달성 여부
	기타 파급효과	• 성과관리방안에 제시되지 않았으나, 기타 경제 · 사회 · 물리적 지표개선 등

자료: 국토교통부(2014), 2014 도시재생선도지역 사업모니터링 평가 계획(안)

시재생활성화계획 용역 발주, 우선추진사업 계획 수립, 도시재생활성화계획 수립, 사업시행단계로 구성되었다(도시재생선도지역 사업모니터링 평가 계획(안)).

선도지역 종합평가는 기획, 집행, 성과분야로 구분되며, 각 분야에 따른 세부지표(23개)로 구성된다.

- 기획분야는 주민참여도, 거버넌스, 계획의 적절성, 사업 간 장소적 연계로 구성된다.
- 집행분야는 주민참여도, 거버넌스, 추진 · 집행 실적, 모니터링 결과 반영으로 구성된다.
- 성과분야는 목표달성도와 기타 파급효과로 구성된다.

종합평가 결과는 중앙정부의 법 · 제도를 개선하는 데 활용되며, 지자체에서는 도시재생사업에 대한 개선 · 보완에 활용한다.

3. 전주와 창원의 모니터링 및 평가 사례

경남 창원과 전북 전주에서는 2011년부터 모니터링을 실시하여 지역의 현황을 분석하여 성과를 측정하고 있다. 두 지역의 모니터링 항목을 사회문화적 · 경제적 · 물리환경적으로 유형화한 결과, 창원지역에서는 52개 상가지구와 35개 주거지역 모니터링 지표를 활용하고 있으며, 전주는 20개 상가지구, 23개의 주거지역 모니터링 지표를 사용하고 있다.

창원지역과 전주지역의 모니터링 지표를 비교해 본 결과 유사하거나 동일한 세부 항목이 도출되었다. 정성지표인 상인 만족도 포함 12개의 공통 및 유사지표를 확인할 수 있었다. 주거지역의 경우 20개의 공통 및 유사지표를 확인하였으며, 이 중 16개는 정량지표이며, 4개 지표(마을개선 참여의향 정도, 주민의식변화, 전문가(센터)활동 만족도, 추진협의회 만족도)는 정성지표로 나타났다.

창원과 전주의 사례는 도시재생사업단의 기존 자료, 현장조사, 설문조사를 통해 모니터링이 수행되고 있으며, 평가방식은 설정 목표에 대한 조사값의 비교를 통해 구현되고 있다. 그러나 두 도시의 사례는 각각의 도시재생사업의 성과를 확인하는 데는 효과적이나, 다른 지역과의 비교가 어려운 한계점을 지니고 있다.

표 8-5 상가지구 모니터링 공통 · 유사지표(12개)

구분	상가지구 모니터링	
	창원 TB지역	전주 TB지역
	세부항목	세부항목
사회적 측면	상인 만족도 (전문가 지원/사업 추진)	상가민 상권 만족도
	상인회 회의 수	지구활동조직 수
	봉사활동 수	지구 내 협동사업 수
	행사 수	테마조성사업 수
	상가 재생카페 가입자 수	정보확산사업 수
	서포터즈 가입자 수	정보확산사업 참여 상가인 수
경제적 측면	업종(사업체)분포 현황	영업점포 수
	상인회활동 현황 (축제, 봉사활동, 청소횟수)	상가민 주최 지구행사 및 공연 수
	빈 점포 수/빈 건물 수	공실점포 수
	매출액	영업매출
물리적 측면	상점시설 리모델링, 업종전환, 폐업 건수	공실활용 창업
	주요 지점 통행량, 주요 지점 통행차량	주요 지점 보행통행량

| 표 8-6 | 주거지구 모니터링 공통 · 유사지표(20개)

구분	주거지구 모니터링	
	창원 TB지역	전주 TB지역
	세부항목	세부항목
사회적 측면	상주 인구수	상주 인구수
	가구별 월소득	가구별 월소득
	주민조직 참여 및 활동 정도	주민모임/조직/활동 참여 여부 및 참여 정도
	마을개선에 참여의향 정도	마을개선에 참여의향 정도
	지역자력에 대한 주민의식 변화	지역자력에 대한 주민의식 변화
	도시재생추진협의회 만족도	동네협의회에 대한 만족도
	전문가(센터) 지원활동에 대한 만족도	전문가(센터) 지원활동에 대한 만족도
경제적 측면	주민공동사업 창업 및 일자리 창출 건수	주민공동사업 창업 건수
	주민공동사업에 대한 투자 건수(투자액)	주민공동사업에 대한 투자액
	주민공동사업으로 인한 종사자 수	주민공동사업으로 인한 종사자 수
	주민공동사업으로 인한 매출액	주민공동사업으로 인한 매출액
물리적 측면	도로율	도로율
	주택접도율	접도율
	과소필지	과소필지
	나대지	미이용 토지 수
	공시지가(주요 지점 지가)	공시지가
	주차면적 또는 대수	주차장 면적, 공원 및 녹지 수
	공가, 폐가 호수	공가, 폐가 호수
	신축, 개량 주택 수	신축, 개량 주택 수
	재생사업의 주거환경 개선에 끼친 영향	주거환경 만족도

창원과 전주의 사례는 도시재생사업단의 기존 자료, 현장조사, 설문조사를 통해 모니터링이 수행되고 있으며, 평가방식은 설정 목표에 대한 조사값의 비교를 통해 구현되고 있다. 그러나 두 도시의 사례는 각각의 도시재생사업의 성과를 확인하는 데는 효과적이나, 다른 지역과의 비교가 어려운 한계점을 지니고 있다.

참조문헌

김경천 · 김갑열. (2015). 도시재생 지역선정 평가요소 중요도 분석. **대한부동산학회지**, 33(1), 5-21.

김경천 · 김갑열 · 이재수. (2015). 도시재생 지역선정을 위한 평가지표 연구. 부동산학보, **한국부동산학회**, 61.

김륜희 · 이종근 · 이삼수. (2015). 도시재생사업의 모니터링 및 평가방안 연구: 선도지역을 사례로. LHI Journal, 6(1), 1-9.

김상현 · 김형빈. (2017). 지방정부 도시재생사업 평가모형 개발연구(델파이 기법과 AHP 기법을 중심으로). **대한부동산학회지**, 35, 5-26.

김흥순 · 이대원 · 고수정 · 남재형. (2020). 신촌동 도시재생사업의 성과평가에 관한 연구. **국토지리학회지**, 54(1), 49-61.

남진 · 윤병훈 · 박관우. (2015). 도시성장단계평가를 통한 도시재생의 타당성 분석: 차별적 도시화 모델과 순환적 도시화 모델 적용. **국토계획**, 50(3), 153-177.

신우화 · 신우진. (2017). 도시재생사업 유형별 성과관리지표의 중요도에 관한 연구: 대구광역시를 중심으로. **한국지역개발학회지**, 29(5), 39-52.

유선철 · 여관현. (2015). 기후변화에 대응한 도시재생 지표개발 및 활성화지역 선정 연구: 서울특별시 사례를 중심으로. **도시행정학보**, 28(4), 77-99.

이용주 · 이상엽. (2016). 도시재생사업 타당성 평가기준의 지역특성별 중요도 분석에 관한 연구. **부동산학보**, (67), 58-72.

이정동 · 김영 · 홍성실. (2017). AHP 분석을 통한 도시재생사업 평가지표 연구: 도시재생선도지역 사업을 대상으로. **주거환경**, 15(3), 333-348.

이종근 · 김륜희 · 김홍주 · 이삼수. (2016). 도시재생사업의 모니터링 · 평가지표 우선순위 설정에 관한 연구: 13개 도시재생 선도지역을 대상으로. **도시정**

책연구, 7(1), 5-22.

정광진 · 전혜진 · 정연우 · 이삼수. (2017). 도시재생사업 모니터링을 위한 지표의 개발과 적용: 도시재생 선도지역을 중심으로. **국토계획**, 52(3), 55-74.

진은애 · 이우종. (2018). 도시재생사업 유형별 성과지표 중요도 분석: 중심시가지형, 일반근린형, 주거지재생 및 우리동네살리기 재생사업을 중심으로. **한국생태환경건축학회 논문집**, 18(6), 29-41.

최민아 · 최지인 · 양동석. (2013). 도시재생사업 모니터링 지표 구축 및 적용 방안 연구: 해외 도시재생 모니터링 지표 고찰을 중심으로. **한국생태환경건축학회 논문집**, 13(3), 51-60.

최정민 · 최찬환. (2011). 도시재생 평가지표와 재생모델 설정에 관한 연구 – 공공부문 시행을 중심으로. **한국농촌건축학회 논문집**, 13(3), 53-60.

한종훈 · 박미진. (2018). 도시재생 평가항목의 물리적 지표평가에 관한 연구. **주거환경**, 16(2), 129-140.

9장 장소성 만들기로서의 도시재생

1. 장소성 개념

1) 지역자산

지역자산에 관한 개념과 정의 그리고 유형화는 지역자산이나 유사 개념을 활용한 도시재생 사례연구에서 많이 사용되었다. 심영선(2014)의 연구에서는 지역자산이 도시재생을 위한 근거로서의 특징을 가지고 있어 지역의 재생에 활용이 가능해야 한다는 점을 강조하였다. 따라서 지역의 독특한 문화자산은 지역문화자산, 역사문화자원 등과 같은 유사 개념으로 보다 통합적인 개념으로 지역자산을 정의하고 유형화하였다.

이선영 · 남진(2015)의 지역자산에 대한 개념은 지역주민이나 주민단체, 지역기관의 주체적인 역할을 통해서만 지역자산이 지속가능하다는 점을 강조하고 있다. 기존의 지역자산 개념에서 지역주체 간 관계나 주체의 역량을 강조하며 지역자산의 정의를 재정립하였다.

| 표 9-1 | 지역자산과 관련된 유사용어에 대한 연구

<table>
<tr><th>용어</th><th>연구자/기관</th><th>연구 주제</th><th>선행연구에서의 용어 설정 및 정의</th></tr>
<tr><td>등록
문화재</td><td>문화재청
(2005)</td><td>-</td><td>역사, 문화, 예술, 사회, 경제, 종교, 생활 등 각 분야에 기념이 되거나 상징적 가치가 있는 것, 지역의 역사 · 문화적 배경이 되고 있으며, 그 가치가 일반에게 널리 알려진 것, 기술발전 또는 예술적 사조 등 그 시대를 반영하거나 이해하는 데에 중요한 가치를 지니고 있는 것</td></tr>
<tr><td rowspan="3">근대
문화
유산</td><td>김동식
(2002)</td><td>근대 건축문화유산의 보존과 활용</td><td>근대문화유산이란 우리나라의 경우 근대에 형성된 문화유산으로, 1876년 개항을 전후하여 우리의 고유 문화와 외국의 문화가 접촉하면서 형성된 새로운 유형의 문화유산</td></tr>
<tr><td>서울시청</td><td>미래유산</td><td>미래유산이란 문화재로 등록되지 않은 서울의 근현대 문화유산 중에서 미래세대에게 전달할 만한 가치가 있는 유 · 무형의 모든 것으로, 근현대를 살아오면서 서울시민이 함께 만들어온 공통의 기억 또는 감성으로 미래세대에게 전할 100년 후의 보물</td></tr>
<tr><td>장민영 외
(2015)</td><td>역사문화자산의 가치 공유와 보전관리체계 형성</td><td>역사문화유산(자원)은 지정문화재나 등록문화재 이외에 지역의 정체성과 역사성을 나타내는 자산 전체를 아우르는 개념으로 지역의 기억과 흔적이 담겨 보전하거나 관리해야 할 자산의 총체</td></tr>
<tr><td rowspan="2">도시
유산</td><td>강동진
(2013)</td><td>도시재생과정에서 도시유산의 활용</td><td>도시유산이란 도시에 남아있는 흔적과 기억의 총체로서 문화재와 보호대상인 비문화재, 곧 사라질 유산, 세간유산을 포함</td></tr>
<tr><td>문영숙
(2015)</td><td>공공재를 통한 도시유산의 활용과 관리 개선방안 모색</td><td>도시 내에 위치한 문화재 및 보전되어야 할 비문화재를 포함하며 자연경관과 문화경관, 생활경관의 영향을 받아 해당 도시와 지역의 정체성 및 경관 형성에 영향을 주는 유산</td></tr>
</table>

산업 유산	Edwards, J. A. & Llurdés I Coit(1996)	과거 공업 현장의 산업유산의 관광화	산업유산은 초창기부터 산업화과정을 거치며 인간이 지은 현장, 건물, 경관 등에서 이루어지는 산업과 방문객 활동의 발전으로 정의
	이지현 (2008)	산업유산을 활용한 도시문화경관 형성	공업중심의 근대화과정에서 남겨진 과학기술 연관 유산으로 통칭, 광의적 개념으로 산업, 교통, 토목 등과 관련된 모든 산업 관련 결과물과 기술 그리고 이를 지원한 운하, 철도, 항만 등 인프라를 총칭
	류창현 (2012)	도시재생과정에서 근대산업유산 보존과 활용	근대산업유산이란 산업혁명 이후 근대기를 거치며 이루어진 건축물, 기념물, 구조물, 산업시설 등 삶에 어우러진 근대의 문화적 소산
	정대영 · 윤지환 (2014)	산업유산의 재활용과 장소성의 형성	산업시설이나 이를 지원하기 위해 조성된 각종 인프라 및 지원체계, 과거와 현대가 공존하는 역사적 매개물로서 낙후된 산업시설에 창의적인 활용을 통해 극적인 변화를 이룰 수 있으며 도심에 위치하는 입지성을 바탕으로 활용할 수 있는 지역재생의 자산
	Josep M. & Gemma C. V. (2015)	문화적 변화에 따른 산업유산의 관광화	산업유산은 각 분야별 산업의 목적을 이해하는 데 도움이 되는 기념물, 구조물, 기계, 아카이브, 도구, 생산방법 등을 포함
Community Capacity (assets)	Mayer E. S. (1994)	지역역량 구축을 위한 지역조직의 역할과 중요성	지역자산은 지역사회의 기반 위에서 구축되고, 지역사회 문제를 해결하기 위해 효율적으로 사용할 수 있는 지역사회의 책무, 자원 및 기술의 영향을 합친 것
	Fuller 외 (2002)	자산에 대한 접근	지역자산이란 지역 구성원들이 후손들을 위해 지키고 싶고, 지역기반으로 삼고 싶고, 존속시킬 수 있는 것이자 지역사회에서 널리 알려진 속성 그 자체

2) 장소, 장소성

도시 간의 경쟁이 치열해지면서 장소 이용자들의 다양한 기호를 만족시키거나 장소의 매력을 높일 수 있는 차별화된 특성이 더욱 강조되고 있다. 이러한 상황에서 장소의 경쟁력은 독특하고 매력적인 장소자산에서 나온다. 이러한 장소의 매력도는 지역 경쟁력의 원천으로 확대된다(최막중 · 김미옥, 2001; 진금주, 2015).

장소란 개인 혹은 집단의 정체성 형성의 조건이 되는 곳으로 그곳에서 살아가는 사람들의 인식과 생각이 서로 얽혀 나타나는 공간을 말한다. 사람들이 의미 있게 만들어온 공간을 장소라고 하며 어떠한 과정으로 만들어졌든 사람들이 애착을 가지게 되는 공간을 장소라고 한다(심승희, 2012).

장소를 규정하는 장소성은 변화된다. 장소성은 유지, 소멸, 발굴될 수도 있고 새롭게 만들어질 수도 있다. 장소성은 장소가 갖는 물리적 · 사회적 환경에 대해 구성원들이 가지는 느낌과 반응을 이해하고 가치를 부여하는 개념으로 정의된다. 장소성은 그 장소의 자연환경, 사회적 환경, 문화와 정체성 등을 포함하는 포괄하는 개념이다(이철우 외, 2005).

3) 장소자산

국내연구는 장소자산을 한 장소가 가지고 있는 유 · 무형의 모든 자산이라고 하는 영역자산(territorial assets)이라는 개념에 기초한다. 장소마케팅 연구자들이 이러한 영역자산 개념을 도입하면서 장소자산이라는 용어를 사용하기 시작하였다(장신영, 2008). 김현호(2003)는 영역자산이 지역 의존적 자산, 장소 배태적 자산, 장소의 질 등의 개념으로 활용되어 왔으며 영역자산을 장소자산과 동일한 개념으로 보았다.

즉 장소자산을 총체적인 개념으로 보고 제도 · 정치 · 문화 등의 연성요소와 자연환경과 물리적 시설 등의 경성요소를 포함하는 개념으로 보았다(김현호, 2002). 그리고 지역발전을 위해 장소자산을 적극적으로 활용할 필요가 있는데 그 근거로 장소에서 무엇을 생산하는 것보다 장소 자체의 형성이 중요해지고 있기 때문으로 분석하였다.

백선혜(2004)는 장소자산을 한 장소가 가지고 있는 장소의 긍정적 요소에 초점을 두고 정의하였다. 장소가 매력적으로 기능하고 있거나 잠재성이 높아 매력적으로 판매가 될 수 있는 유 · 무형의 자산으로 정의하였다.

2. 지역자산을 활용한 장소성 만들기

장소성 만들기는 장소의 고유성과 희소성, 매력성을 높이는 전략적인 요소들을 만들어가는 과정으로 정의된다. 장소의 긍정적 요소를 향상시키거나 부정적 요소를 대체 · 보완하여 장소성을 만들어 나간다. 장소성 만들기는 두 가지 과정을 거친다. 가시성 창출이라는 외적 과정과 이를 지속적으로 유지하고 강화하는 제도를 통해 이를 고정화시키는 내적 과정을 거친다.

외적 과정은 가시성의 창출로 물질적 공간 및 경관을 조성하여 장소를 보다 구체화하는 과정을 말한다. 이벤트와 홍보 등의 활동을 통해 장소에 부여하고 싶어 하는 이미지의 매력과 지속성을 강화한다.

내적 과정은 지역주민과 외부 방문객의 참여와 경험을 지속적이고 반복적으로이루어질 수 있도록 만드는 제도적인 고착화과정이다. 장소를 반복적으로 경험하게 하여 장소에 대한 긍정적이고 매력적인 의미가 강화될 수 있도록 소프트웨어를 기획하고 실행하는 과정을 말한다. 그 결과 만들어진 장소성이 강화되도록 뒷받침할 제도와 네트워크를 형성하는 것이 중요한 과정이다. 이러한 외적과정과 내적과정은 서로 상호 보완적으로 상호작용하면서 수행되어야 한다.

| 그림 9-1 | 지역자산을 활용한 장소성 만들기

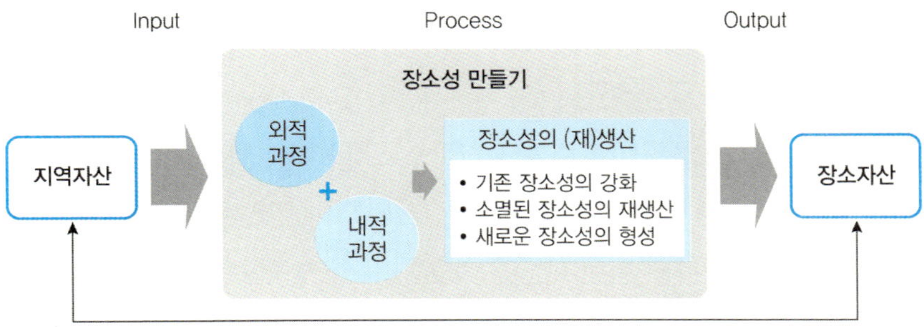

자료: 유하나(2018) 연구 재인용

3. 장소성 만들기 사례: '김광석 다시 그리기 길'

1) 김광석길

'김광석 다시 그리기 길'은 장기간에 걸친 자연적인 과정에 의해서 형성된 장소가 아니라 2010년대 이후 장소 만들기 과정을 통해 만들어지고 재구성된 것이다. 따라서 본 장에서는 특정 공간의 물리적 실체와 인간의 행위가 결합되어 그 공간만의 독특한 의미가 장소로 만들어지는 과정을 분석함으로써 현재의 '김광석 다시 그리기 길'의 장소성 창출 메커니즘을 파악하고자 한다. '김광석 다시 그리기 길'의 장소 만들기는 2008년부터 문화체육관광부가 추진한 '문화를 통한 전통시장 활성화 시범사업(문전성시사업)'

에 기반한 대구시 중구의 도시재생사업의 일환으로 본격화되었다. 따라서 '김광석 다시 그리기 길'의 장소 만들기 과정은 '문전성시'사업 추진기간과 그 이후의 2단계로 구분하여 분석하고자 한다.

2) 문전성시 사업기간의 장소 만들기

대구광역시 중구청은 2009년 대구 최초 공공미술 프로젝트라고 할 수 있는 '별의별 별시장 프로젝트'(2009. 2.~2009. 6.)의 성과를 바탕으로 '방천시장 문전성시 사업'을 지원하여 선정함으로써 3차에 걸쳐 방천시장의 재생사업을 본격적으로 추진하게 되었다. 특히 2차 사업(2010. 6.~2011. 3.)부터 '김광석 다시 그리기 길'의 장소 만들기가 본격적으로 추진되었다.

2차 사업에는 '방천릴레이 리뉴얼'사업으로 "316m의 방천길에 방천시장의 역사 이야기, 상인들 이야기의 스토리텔링화를 통한 벽화작업", 즉 '이야기가 있는 벽'의 프로그램이 계획되어 있었다. 그러나 계획 당시에는 구체적인 사업내용은 확정되지 않았다. 당시 옹벽과 옹벽길은 슬럼화된 공간으로 방치된 상태였다고 한다. '별의별 별시장 프로젝트'와 문전성시 1단계 사업을 통해 정착한 예술가, 시장상인, 주민들의 다양한 의견 수렴을 거쳐 옹벽의 벽화조성에 대한 공감대가 형성되었으나, 벽화의 콘텐츠에 대해서도 관련 주체들의 성향에 따라 매우 상이하였던 관계로 약 3개월에 걸친 많은 우여곡절을 거쳐 '김광석 벽화조성'으로 결정되었다. 이 과정에서 주도적인 역할을 한 주체는 김○○와 정○○를 비롯한 입주 예술가들이었다.

2010년 10월에 주로 시장 및 일반가정의 집기나 쓰레기 하치장 및 주차장으로 이용되었던 슬럼화된 옹벽길을 상인과 주민들의 도움을 받아 정리하고, 대학(원)생 그리고 주민과 상인들의 협조와 공동 작업을 통해 약 90m의 시멘트 옹벽에 17점의 벽화를 완성하였다(김유신, 2019). 이에 중구청은

| 그림 9-2 | 김광석의 '이등병의 편지'를 모티브로 한 벽화

자료: 박순호 (2020) 재인용

11월 20일 '김광석 벽화거리' 개막식을 거행하였다. 이는 '김광석 다시 그리기 길'이라는 장소 만들기를 공식화하는 계기가 되었다. 2011년 5~12월에 걸친 방천시장 문전성시 3차 사업의 '김광석 길 벽화 추가조성'사업으로 '김광석 벽화거리'는 150m로 확장되었다.

3) 문전성시 사업 이후

김광석길을 포함한 방천시장 일대는 문전성시사업 종료 이후에는 입주 예술가에 대한 예산 지원이 없어지면서 많은 이들이 타 지역으로 이주하였다. 입주 예술가에 따르면 김광석길을 포함한 방천시장 도시재생사업에도 불구하고, 당초 문화예술활동을 통한 전통시장 활성화라는 목표와는 달리 이 지역은 여전히 쇠락한 전통시장의 한계를 벗어나지 못한 채 관광객도 거의 없이 조용하고 소박하여 예술가의 창작에 적절한 분위기였다고 한다.

이에 2012년 4월 타 지역으로 이주하지 않은 예술가와 상인 그리고 대봉1동장 등 10여 명이 '방천문화예술협회(Bangchun Art & Culture Association)'를 설립하고 김광석길을 포함한 방천시장 일대에서 갤러리, 청년 아트마켓, 문화마을 축제 등의 활동을 통해 '김광석 다시 그리기 길'의 문화예술성을 강화하고자 노력하였다.

그런데 '김광석 탄생 50주년'을 한 해 앞둔 2013년 연초부터 불기 시작한 이른바 전국적인 '김광석 열풍'으로 김광석길이 유명세를 타면서 관광객의 증가로 일대 분위기가 급변하였다. 이에 중구청은 대구 근대골목 관광활성화사업의 스토리텔링 및 디자인 마스터플랜에 '김광석 다시 그리기 길'의 관광 인프라 확장을 반영하고 본격적으로 김광석길에 대한 시설투자를 시작하였다(홍인표, 2017).

구체적으로 2013년의 지하철 2호선 경대병원역에서 김광석길로 이어지는 골목입구에 김광석 동상과 쌈지공원 조성을 시작으로 야외공연장, 공영주차장, 공중화장실 그리고 통기타 모양의 공용 벤치 설치 등 김광석을 상징하는 조형물뿐만 아니라 2017년의 김광석의 노래와 유품, 콘서트 영상의 전시 및 체험공간인 '김광석 스토리하우스'([그림 9-3])를 건립함으로써 '포크가수 김광석'의 이미지를 강화하였다. 또한 노후화된 김광석길 벽화 리뉴얼사업으로 김광석의 노래와 삶을 테마로 한 벽화가 350m로 확장되었다. 특히 이 사업을 기획하는 과정에서 예술가와 중구청의 협의를 거쳐 2010년 이후 사용되어 왔던 김광석길 대신에 '김광석 다시 그리기 길'이라는 정식 명칭을 확정 · 채택하였다.

이러한 '김광석 열풍'과 이를 적극적으로 활용하려는 지자체의 적극적인 장소마케팅으로 지속적으로 관광객이 증가함에 따라 카페, 분식점, 주점, 소품점, 오락실 그리고 대형 프랜차이즈 판매점 등 다양한 상업시설도 점차 늘어나게 되었다. 이에 고무된 중구청은 관광산업의 활성화와 대구의 이미지를 제고하려는 목적으로 '방천문화예술협회'와 '대봉문화마을협의회'와 같은 지역문화예술단체의 조직과 지원, 김광석 투어버스의 운영 등으로 김광석의 삶과 노래라는 콘텐츠를 '김광석 다시 그리기 길'뿐만 아니라 마을 단위, 나아가서 대구시 전체로 확대하여 활용하고자 노력하였다(박순호, 2020).

❙ 표 9-2 ❙ 김광석 관련 TV 프로그램과 언론보도 사례

구분	시기	내용
TV 프로그램	2012년 09월	Mnet 〈슈퍼스타K 4〉 참가자가 부른 '먼지가 되어'
	2013년 01월	MBC 〈라디오스타〉 '김광석의 친구들' 특집 방영
	2013년 04월	MBC 〈무한도전〉 뮤지컬 특집 '그날들'
	2013년 06월	Mnet 〈보이스코리아 2〉 '사랑했지만' 노래 방영 〈김광석 다시 부르기 콘서트〉 전국 투어
	2013년 07월	KBS 2TV 〈불후의 명곡〉 '영원한 전설' 특집 방영
	2013년 08월	MBC 〈다큐스페셜〉 '故 김광석의 삶'
	2013년 11월	tvN 〈응답하라1994〉 삼풍백화점 관련 김광석 콘서트 영상 방영
	2013년 12월	JTBC 〈히든싱어 2〉 김광석 편 방영
언론 보도	2013년 06월	MBC 뉴스 "거리 벽화로 故 김광석 추모 … 김광석 다시 그리기 길"
	2013년 07월	국민일보 "근대로 가는 시간여행 … '김광석 길'엔 7080 낭만이"
	2013년 10월	동아일보 "그가 그리우면 방천시장으로 오세요"
	2014년 02월	영남일보 "'김광석 신드롬' 그 현장을 찾아서"

자료: 박순호(2020) 재인용

| 그림 9-3 | 김광석 스토리하우스

자료: 박순호(2020) 재인용

참조문헌

박순호. (2020). '김광석 다시 그리기 길'의 장소 만들기와 장소성. **한국경제지리학회지**, 23(4), 438-453.

서광영 · 박진아. (2018). 도시재생 붐업사업으로서 거점시설조성 전 · 후 지역이미지 변화 및 시설 효과 분석: 플랫폼창동 61을 중심으로. **서울도시연구**, 19(2), 1-19.

성이용 · 이상호. (2010). 입체/복합시설 오픈 스페이스의 장소 정체성에 관한 연구: 일본 도쿄 도시재생 입체/복합시설 사례를 중심으로. **한국도시설계학회지–도시설계**, 11(4), 79-96.

오후 · 장인수 · 황희연. (2016). 도시재생사업 인지도가 장소애착에 미치는 영향: 청주시 중앙동 도시재생사업 대상지를 중심으로. **한국지역지리학회지**, 22(3), 643-654.

유하나. (2018). 장소성 만들기로서의 도시재생에 관한 고찰. **한국지역지리학회지**, 24(3), 466-479.

임병우. (2017). 융합 디자인 요소로서 도시재생에 활용된 그라피티의 장소특정성에 관한 연구. **디지털융복합연구**, 15(11), 455-461.

장철규. (2020). 도시재생사업이 장소애착 및 정주의사에 미치는 영향: 대구시 도시활력증진지역 개발사업을 대상으로. **국토계획**, 55(2), 58-72.

10장 도시재생과 젠트리피케이션

1. 젠트리피케이션

1) 젠트리피케이션 개념

젠트리피케이션은 도심 인근의 낙후지역이 활성화되면서 외부인과 자본이 유입되고 지가, 임대료 등이 상승하고 비싼 지가와 임대료를 감당하지 못하는 원주민들이 밀려나는 현상을 말한다. 국립국어원 사전에는 "중하류층이 생활하는 도심 인근의 낙후지역에 상류층의 주거지역이나 고급 상업가가 새롭게 형성되는 현상"을 말한다. 최근에는 원래 거주하던 원주민이 외부인의 유입으로 밀려나는 부정적인 현상으로 많이 쓰이고 있다. 현재 '젠트리피케이션'은 '둥지 내몰림'이라 순화하여 사용되고 있다.

젠트리피케이션이라는 단어의 유래는 영국의 사회학자인 루스 글래스(R. Glass)가 1964년 런던 이즐링턴 지역에서 발생한 새로운 중간계층의 침입, 도시 건축환경의 재활성화, 이에 따른 노동자 계층의 비자발적 이주를 설명하기 위해 도입되었다.

Gentri(신사의, 중산층인)+ficaion(~화)가 합쳐진 합성어로 노동자들의 거주지에 중산층이 이주해 오면서 지역 전체의 인구 구성과 성격이 변하는 것을 설명하기 위해 처음 사용되었다. 현재 다양한 학자들에 의하여 정의되고 있다. 이를 정리하면 [표 10-1]과 같다.

표 10-1 젠트리피케이션에 대한 정의

연구자/기관	젠트리피케이션에 대한 정의
Oxford American Dictionary(1980)	중산층이 도시로 유입됨에 따라 토지 및 주택가치가 상승하고 빈곤층의 이동을 유발
Heritage(1982)	낙후된 근린이 중산층, 상류층에 의해 향상되는 과정
Smith and Williams(1986)	노동자층 및 낙후된 주택의 부흥 및 중산층 근린으로 지역의 변화
Zukin(1987)	오래된 건물에 대한 새로운 애정의 인식 및 공간과 시간에 대한 감성의 고양
Hamnett(1991)	빈곤층 근린으로의 중산층의 침입(invasion), 기존 주민의 이주(displacement) 수반
Millard-Ball(2000)	주거 근린의 사회적, 물리적 향상
Hackworth(2002)	도심 재개발에 있어서 정부 및 민간자본의 전략의 하나
Criekingen and Docroly(2003)	빈곤층 근린이 새로운 부유층 근린으로 변모되고, 도시환경이 향상
Dictionary of Human Geography(2009)	주거 근린에 영향을 주는 도시 프로세스로서 상업 측면을 포함하며 세계 여러 도시에서 나타나는 글로벌 프로세스

2) 젠트리피케이션 발생요인

1960~1970년대 등장한 도시 젠트리피케이션의 배경적 원인은 크게 5가지가 제시되고 있다.[1] 첫 번째는 인구생태적 요인을 들 수 있다. 제2차 세계대전 이후, 급격하게 증가한 베이비붐 세대들의 주택 수요에 비해 공급은 충분하지 않았다. 이러한 열악한 환경으로 인해 도심 내 직장 접근성과 편

1 Palen, J. J. & London, B.(Eds.)(1984), *Gentrification, Displacement, and Neighborhood Revitalization*, Suny Press.

리성을 선호하는 새로운 주거 수요가 발생하게 된 것이 요인으로 작용하였다. 베이비붐 세대들은 조용한 교외환경의 주거환경에서 벗어나, 도심과 접근성이 좋은 새로운 주거환경을 선택했다는 이론이다.

두 번째는 사회문화적 요인으로 설명할 수 있다. 1970~1980년대 새롭게 부상한 신중산층이 삶의 터전을 도심으로 다시 회귀하는 현상이 발생하였는데 이러한 친도시적 성향 변화를 요인으로 보고 있다. 세 번째는 정치경제적 요인이 있다. 마르크스주의에 힘을 실어주기 위하여 의도적으로 도심을 방치해 개발이익을 창출하는 정치적 의도가 숨어 있다고 본다. 이러한 과정에서 젠트리피케이션이 발생하였다고 보는 견해이다. 네 번째는 지역사회요인으로 파악하고 있다. 지역 네트워크를 통하여 근린지역 재활성화를 도모하는 과정에서 발생한 것으로 보고 있다. 다섯 번째는 도시사회운동의 결과에 따라 젠트리피케이션이 발생한 것이라 판단하는 사회운동요인이 있다.

지금까지 젠트리피케이션의 다양한 요인들을 살펴보았는데 이러한 요인들은 시대의 흐름에 따라 다양한 특징을 보였다.

국가가 도시 재개발을 위한 적극 개입하는 시기에 해당되는 1950년대~1970년대 초반까지는 젠트리피케이션 발생은 비교적 규모가 작았다. 이후 기업 중심으로 금융자본이 쏟아지는 1980년대는 젠트리피케이션이 심화되기 시작하였다. 개발업자가 주도하는 1990년대 이후는 개발을 자본 축적의 한 방법으로 사용하면서 젠트리피케이션이 더욱 심화되면서 문제해결을 위한 정부의 적극적인 개입이 시도되었다.

젠트리피케이션이 발생하는 과정을 살펴보면 낙후도시에 정부정책을 근거로 낙후지역 개발이 이루어지고 그 지역의 개발과 매력에 대한 내용이 알려지면서 해당 지역으로 유동인구가 많아진다. 그렇게 되면 개발업자들의

표 10-2 젠트리피케이션 지수와 발생요인 변수

구분	변수명	변수 의미	단위	변수 설명	참고문헌
종속 변수	젠트리피케이션 지수	사회적 지위와 지가 변화의 평균(2000~2010)	–	–	–
독립 변수	평균 연령 변화	2000~2010년 사이 각 행정동 평균 연령의 변화	세	평균 연령은 젊은 중산층의 이주로서 변화할 수 있으며, 평균 연령의 변화는 젠트리피케이션을 설명하는 지표가 될 수 있다.	• Ley(1986) • Freeman(2005)
	총인구 변화	2000~2010년 사이 각 행정동 총인구의 변화율	%	젠트리피케이션 과정에서 중산층의 전입과 원 거주민의 퇴거라는 인구이동이 나타나기 때문에 젠트리피케이션이 일어난 근린은 총인구의 변화를 겪는다.	• Ley(1986) • Hammel and Wyly(1996) • 김걸(2007)
	소규모 가구 비율 변화	2000~2010년 사이 각 행정동에서 소규모 가구가 차지하는 비율의 변화율	%	비교적 가족 구성원의 수가 적은 젠트리파이어의 이주로 인하여 소규모 가구의 비율이 증가할 것으로 예상한다.	• 이희연 · 심재헌(2009)
	아파트 가구 수 변화	2000~2010년 사이 각 행정동 아파트 가구 수의 변화	개	아파트 단지는 젠트리파이어가 선호하는 양호한 주거환경과 주거형태를 가지고 있어 젠트리파이어의 이주가 많이 일어난다.	• 김걸(2007)
	자가점유 비율 변화	2000~2010년 사이 각 행정동에서 자가점유형태 가구가 차지하는 비율의 변화율	%	자가점유 비율의 변화는 젠트리피케이션으로 인하여 변화한 근린 거주민의 사회 · 경제적 안정성을 보여준다. 젠트리피케이션으로 인하여 자가점유의 비율이 증가할 수 있다.	• Ley(1986) • Atkinson(2000) • Freeman(2005) • 김걸(2007)
	지방세 징수액	2012년 각 행정동의 지방세 징수액	억 원	젠트리파이어는 중산층으로서 상대적으로 소득 수준이 높다고 간주할 수 있기 때문에, 소득에 대한 대체지표로서 지방세징수액을 변수로 설정할 수 있다.	• Ley(1986) • 김걸(2007)

자본이 쏟아져 들어오고 지대와 임금이 상승하면서 이를 감당하기 어려운 기존의 영세업자와 주민은 밀려나게 되는 형국으로 이루어진다. 하지만 그 주변지역의 임대료가 급상승하고 결국 그 지역은 또다시 낙후되는 현상을 반복한다. 이러한 과정에서 긍정적인 효과뿐만 아니라 부정적인 효과도 발생한다. 기존의 낙후지역은 범죄 감소, 지역 세수 증대, 공실률 감소, 지역의 발전 가능성이 높아진다. 하지만 동시에 인구 감소, 범죄 증가, 지역 서비스 비용의 증가, 다양성 감소, 갈등 심화, 주택가격 상승 등의 부정적 효과가 나타날 수 있다.

2. 서울시의 젠트리피케이션 발생요인과 변화[2]

기존 연구에서 제시하고 있는 젠트리피케이션 발생 주요 요인으로는 평균 연령 변화, 총인구 변화, 소규모 가구 비율 변화, 아파트 가구 수 변화, 자가점유 비율 변화, 지방세 징수액을 들 수 있다.

젠트리피케이션 지수가 높은 행정동은 총 10개로 나타났다. 젠트리피케이션 지수가 높은 지역은 새롭게 개발되었거나 뉴타운 등 재개발이 활발하게 일어난 지역이라는 공통점을 가지고 있다. [표 10-3]은 젠트리피케이션 지수가 높은 지역의 순위를 보여준다. 젠트리피케이션 지수가 높은 지역은 마포구, 용산구, 서초구, 강남구, 송파구 일대에 집중되어 있었다.

2 서울시 젠트리피케이션 발생요인에 관한 내용은 오창화와 김영호(2016)의 연구 "공간 회귀와 공간 필터링을 이용한 서울시 젠트리피케이션의 발생 원인 및 특징 분석, 한국도시지리학회지, 19(3), 71-86"에 의존하여 작성되었다.

그림 10-1 젠트리피케이션 지수 분포도

표 10-3 젠트리피케이션 지수가 높게 나타난 행정동

순위	행정동명	G index	순위	행정동명	G index
1	상암동(마포구)	4.50	6	문정2동(송파구)	2.14
2	아현동(마포구)	3.57	7	구로3동(구로구)	2.12
3	한강로동(용산구)	3.28	8	흑석동(동작구)	2.07
4	삼각산동(강북구)	2.83	9	가양1동(강서구)	2.03
5	강일동(강동구)	2.77	10	길음1동(성북구)	1.68

1) 평균 연령 변화

새로운 지역으로 이전하는 젠트리파이어는 상대적으로 젊은 이주집단일 가능성이 높다. 따라서 근린 거주민의 평균 연령은 젠트리피케이션 과정을 겪으면서 증가세가 둔화되거나 줄어들 것이다. 이러한 평균 연령의 변화는 상대적으로 젊은 중산층이 이주해 온 결과이며 자녀가 같이 이주하는 가족 단위의 이주로 평균 연령이 젊어지는 변화를 경험한다. 서울시의 경우 젠트리피케이션 지수가 높은 지역은 평균 연령의 변화도 별로 없었다. 특히 진관동, 소공동, 사직동에서 평균 연령 변화가 낮았다.

2) 총인구 변화

해당 지역의 총인구 변화는 생활환경이 개선된 지역으로 전출인구보다 전입인구가 많을 때 총인구는 증가하게 된다. 젠트리피케이션이 발생하기 이전에는 주로 저층 주거지역에 거주하는데 용적률이 작아 많은 인구를 수용하기 어렵다. 하지만 재개발로 인하여 고층 아파트가 들어오면 가구 수가 크게 증가하며, 전입인구가 전출인구보다 많아져 총인구가 증가하게 된다.

서울시의 경우 젠트리피케이션 과정에서 원 거주민의 전출에도 불구하고 젠트리파이어의 이주가 많아 총인구는 증가하는 변화를 보이는 지역은 상암동, 강일동, 삼각산동, 진관동이다. 반대로 전출인구가 전입인구를 넘어서 인구 공동화 현상을 보이는 지역은 종로구 일대와 중구 등 도심부가 해당된다. 하지만 전체적으로 총인구 변화 변수는 젠트리피케이션 지수와 비슷한 경향을 보여 젠트리피케이션이 높아지는 지역의 총인구는 유지되거나 높아지게 된다.

3) 소규모 가구 비율 변화

서구에서 젠트리파이어는 주로 젊은 독신이거나 자녀가 없는 부부가 다수를 차지한다. 따라서 젠트리피케이션이 발생하는 지역은 소규모 가구의 비율이 증가할 것으로 예상된다. 하지만 서울의 경우 소규모 가구 비율 변화는 보이지 않았다. 서울은 젠트리피케이션이 신규 개발 또는 재개발 젠트리피케이션의 성격이 강해 주거형태가 주로 고급 아파트 중심이다. 고급 아파트로 이주하는 사람들은 독신보다는 가정을 이룬 가구들이 많다. 지역별로 살펴보면 관악구, 강북구, 도봉구, 중랑구 등 서울시 외곽지역은 소규모 가구 비율이 높게 나타났다. 반대로 젠트리피케이션 지수가 높게 나타난 지역에 해당되는 상암동, 강일동, 진관동, 삼각산동, 길음동 등에서 소규모 가구 비율이 낮게 나타났다.

4) 아파트 가구 수 변화

아파트는 한국의 중산층이 가장 선호하는 형태이고, 주택 부족문제의 해결과 시민의 선호도를 반영하여 서울의 재개발 및 뉴타운정책은 대규모 아파트 단지를 조성하는 방향으로 시행되었다. 따라서 젠트리피케이션이 일어나는 지역은 주로 신규 개발 및 재개발 젠트리피케이션이라는 특징을 가지고 있다. 젠트리피케이션 지수가 높은 지역은 아파트 가구 수도 증가하는 경향을 보였다. 젠트리피케이션 지수가 높게 나타난 지역에 해당되는 상암동, 진관동, 삼각산동, 길음동, 강일동, 장지동 등은 아파트 가구 수 변화가 높게 나타났다.

5) 자가점유 비율 변화

자가점유 비율은 주택 보유자가 주거의 안정성과 비교적 높은 사회적 수준을 갖는다는 것을 의미하는 지표이다. 젠트리피케이션이 발생하는 지역은 보통 주택을 소유할 수 있는 여유가 있는 중산층이 이주를 한다. 하지만 젠트리피케이션이 자가점유 비율의 증가로 직접적으로 이어지지는 않았다. 성북구와 구로구, 금천구 등에서 자가점유 비율이 높아졌지만 이는 매매가와 전세가 차이가 크지 않아 발생한 것으로 보인다. 매매가와 전세가의 차이가 좁혀지면 전세 비율은 줄어들고 자가점유는 늘어나게 된다.

6) 지방세 징수액

젠트리피케이션이 발생한 지역은 주거환경이 개선되고 부동산 가격도 상승한다. 이 지역에 이주하는 젠트리파이어도 상대적으로 부유한 중산층이다. 때문에 이들 지역의 소득 수준은 상대적으로 높고 지방세 징수액은 높을 것이다. 중구, 강남구, 영등포구, 종로구 등이 지방세 징수액이 높았고 도봉구, 노원구, 강북구, 성북구, 관악구, 강동구 등은 지방세 징수액이 낮게 나타났다. 결국 젠트리피케이션 지수가 높은 지역에서 지방세 징수액도 높았다.

3. 젠트리피케이션 사례[3]

1) 유럽

유럽 국가 중에서 프랑스와 영국의 젠트리피케이션 사례를 정리하였다.

3 젠트리피케이션 사례에 관한 내용은 권용봉과 황재훈(2019)의 “도시재생 사업과정에서의 젠트리피케이션에 관한 연구”를 참조하여 작성되었다.

(1) 프랑스

프랑스 파리는 1970년대 도심 내 대형 상업건물이 입지하면 인센티브를 주는 방식으로 도시계획을 진행하였다. 이 정책이 진행되면서 그 지역에 있던 소규모 상점들은 밀려나고 고급 상업시설과 대규모 도매상이 지역을 차지하게 되었다. 프랑스 파리시는 2006년 지역주민의 생활여건 개선과 소상공인 보호를 위한 파리도시계획을 수립하였다. 보호해야 할 400여 개의 특정 가로(街路)를 세 가지 유형으로 구분하여 '보호 상업가로'로 지정하였다. 이 정책을 추진하여 독특한 지역상권이 형성되어 있거나 상점들의 폐점으로 지역의 침체가 시작되는 곳 그리고 소매상업과 수공업을 보호할 필요한 있는 지역을 보호 상업가로로 지정하였다.

| 그림 10-2 | 파리시 보호 상업가로

자료: 맹다미(2015) 재인용

이러한 정책을 통해 파리시는 소매상업과 수공업의 양적인 보호가 가능했다는 성과를 얻었다. 하지만 이러한 성과에도 불구하고 골목상권 보호가 어려웠다는 현실적인 한계도 있었다. 이러한 문제와 한계점을 보완하고자 추진된 사업이 비탈 카르티에 사업이다. 2004년부터 시작하여 1차 사업은 6개 지역, 2008년 2차 사업에서는 11개 지역을 대상으로 시행하였다. 이 사업은 파리시가 상가를 매입하여 경쟁력이 약하지만 일상생활에 꼭 필요한 업종의 지역 소상공인과 수공업자들에게 저렴한 가격으로 임대해 주는 방식으로 진행되었다. 토지수용비용, 수리비용, 임대 등의 운영비용을 지원하여 상업 활성화와 상업 다양화를 동시에 달성하였다.

(2) 영국

영국의 사례는 북부 해크니의 쇼디치를 다룬다. 이 지역은 16세기 말 유럽 내 극장지구로서의 명성을 가진 지역이다. 17세기부터 슬럼화가 시작되어 20세기에는 유대인과 방글라데시 이민자들이 유입되면서 다문화지역으로 바뀌었다.

1980년대 말부터 쇼디치는 변두리 공장지대였지만 도심 접근성, 편리한 교통, 저렴한 임대료 등으로 인해 젊은 예술가들과 디자이너들이 유입되었다. 초기에는 옛극장지구의 예술적 특색과 예술가들의 활동 덕분에 문화예술지역으로 발전하였다. 하지만 초기의 매력은 오히려 정부주도의 재생사업이 시작되면서 문제가 발생하였다. 임대료가 상승하여 기존 거주민들이 밖으로 내몰리는 현상이 발생하였다. 이러한 문제해결을 위해 만들어진 사회조합이 원주민들의 입장을 대변하는 조직으로 지역의 문화와 원주민들의 권리를 지키고자 노력하였다.

2) 미국

미국의 젠트리피케이션은 지역 활성화를 위해 시작된 부동산 개발업자들과 부동산 투자자들의 유입으로 인하여 발생하였다. 미국은 1970년대 석유파동과 재정부도 위기로 어려움을 겪고 있었다. 브랜튼우즈체제의 종식과 신자유주의 세계화를 적극적으로 추진함으로써 이러한 최악의 경제위기를 극복하고자 하였다.

이러한 배경에서 미국 전역의 도시는 도심문제가 심각해져 재개발과 같은 도시재생방안의 수립이 필요하게 되었다. 뉴욕시의 5개 자치구 중에서 가장 인구가 밀집된 지역인 브루클린은 도시재생의 성공적인 사례로 꼽히고 있으며 예술촌의 도시로 과거와 현재가 공존하고 있다. 1950년대 브루클린의 모습은 아메리카 드림을 꿈꾸는 가난한 이민자와 노동자가 밀집되어 있었고 공장과 창고가 즐비했다. 하지만 1980년대 제조업의 쇠퇴로 폐업하는 공장이 늘어났고 빈 공장과 창고가 늘어나는 슬럼화가 진행되었다. 슬럼화의 진행으로 지역의 임대료와 지가는 떨어졌다. 이러한 상황은 가난한 화가와 조각가 등 예술가들을 유입하는 계기가 되었고, 브루클린은 특유의 빈티지한 분위기를 가진 지역으로 바뀌게 되었다. 이후 2000년대에 접어들면서 고급주거지 신축붐이 불고 편의시설이 들어서기 시작하였다. 지가는 폭등하고 중산층과 백인의 유입이 증가하면서 인종문제가 불거졌다.

이 문제를 해결하기 위해 뉴욕시는 사회적기업과 비영리단체와의 협력을 통해 '브루클린 문화지구'를 지정하여 폐공장과 창고는 예술공방으로 활용하였고 박물관, 미술관, 공공도서관 등 다양한 공공건축물을 조성하였다. 또한 사업진흥지구(BID: Business Improvement District)를 지정하여 이곳에서 징수되는 세금을 다시 BID에 재투자하여 공공서비스를 제고하고 지역의 커뮤니티를 활성화했다. 기업과 비즈니스 리더, 부동산협회, 토지주 등 민간과 공공이 협력하는 첨단기술단지 조성을 위해 '브루클린 테크 트라이앵글' 전략적 계획을 수립하였다.

뉴욕시의 젠트리피케이션 대응은 '근린 취약성 지수'를 활용한 체계적인 방법을 활용하였다는 점이 인상적이다. 뉴욕시는 포틀랜드의 도시계획 및 지속가능발전부(BPS: Bureau of Planning and Sustainability)에서 젠트리피케이션에 대응하고자 개발한 '근린 취약성 지수'를 활용하였다. 미국 서부에 위치한 포틀랜드 지역은 1990년대 민간 및 공공부문의 투자가 확대되면서 부동산 가격 급등과 저소득계층의 비자발적 외곽 이주가 증가하게 되었다.

포틀랜드는 젠트리피케이션과 비자발적 이주를 진단할 수 있는 '근린 취약성 지수'를 개발하고 인구구조 변화, 주택시장 여건에 따라 세분화하였다. 주택점유형태, 주택가격 변화, 가구소득 수준, 교육 수준, 인종의 변화 등 정량적 자료를 활용하여 지역의 변화를 파악하고 지속적으로 모니터링하여 정책 결정에 활용하였다. 뉴욕시는 이러한 진단시스템을 활용하여 젠트리피케이션과 비자발적 이주로 인하여 나타나는 사회경제적 변화의 징후를 파악하여 정책입안자와 일반시민에게 신속하게 경고하는 역할을 수행하였다.

3) 한국

한국의 사례로는 서울 성동구 성수동과 용산구 이태원동 경리단길 두 곳을 정리하였다. 서울 성수동은 1960년대 후반 금강제화가 금호동으로 이전하면서 관련 업종들이 모여들면서 한국 수제화산업의 최대 집적지로 자리잡았다. 1990년대까지 성장하던 수제화산업은 생산체계 및 유통환경이 변화하면서 침제기를 맞았다. 성수동은 공업지역과 일반주거지역이 혼재되어 있어 한국의 압축 고도 성장기의 모습이 그래도 간직된 곳이 되었다. 따라서 서울시는 압축 성장기의 모습이라는 특색을 살리면서 침체된 수제화 산업을 활성화시키기 위한 구두테마역 조성, 수제화 명장 선정 등의 다양한 정책을 도입하였다. 주민들 자치활동도 이루어졌는데 공장 부자재 창고로 사용되던 대림 창고는 광고, 화보, 드라마 촬영 장소로 활용되었다. 성수동 특유의 분위기 덕분에 카페 및 소규모 창작공방이 들어서면서 활기를 되찾기 시작했다. 특히 공업지대의 건물과 개성을 지닌 다양한 카페들이 들어오면서 한국의 브루클린으로 불리기 시작했다.

성수동의 급속한 성장과 자금 유인은 임대료 상승으로 이어졌고 임대료 상승을 견디지 못한 기존 상인들은 지역을 떠날 수밖에 없게 되었다. 성수동 임대료 상승률은 전국에서 가장 높았으며, 외부인의 건물주 비율도 급속하게 증가하였고, 반면 동네거주 건물주는 감소하였다. 젠트리피케이션이 심화되자 이에 대응하기 위해 서울시는 2015년 '서울특별시 성동구 지역공동체 상호협력 및 지속가능발전 구역 지정에 관한 조례'를 제정하였다. 성수동 내 임차인들을 보호하기 위해 전담 법률, 세무 전담반을 구성하여 젠트리피케이션 대응의 긍정적인 모델로 평가받고 있다.

두 번째 사례는 서울 용산구 이태원동 경리단길이다. 경리단길의 유래는 육군중앙경리단(현, 국군재정관리단)이 길 초입에 있어, 경리단길이라고 불리게 되었다고 한다. 경리단길은 약 900m의 스트리트 상업지로 상당한 성공을 거두어 많은 지역에 영향을 미쳤다. 예를 들면 망원동의 망리단길, 송파구 석촌호수 인근의 송리단길, 전주 다가동 객사1 · 2길 일대의 객리단길 등 모두 경리단길의 이름을 활용한 사례들이다.

경리단 지역은 미군부대와 남산 등으로 고립되어 대규모 개발이 이루어지지 않아 고유의 주건환경을 유지해 왔고 거주민도 대부분 장기간 거주한 특징이 있다. 경리단길은 준공된 지 20~30년이 지난 상가주택이 많고 각각의 건물들이 특유의 개성이 있고 외국인인들이 많이 거주하는 독특함을 지니고 있다. 이러한 독특하고 개성 있는 분위기를 즐기고자 젊은층의 유입이 많아졌고 2000년 지하철 6호선이 개통되면서 지역상권이 활성화되었다. 젊은 상인들의 개성 있는 상가와 유명 연예인들의 사업장 등이 소개되면서 방문객이 폭발적으로 증가하였다.

하지만 이러한 지역 발전은 임대료 상승으로 이어졌고 이러한 상황에서 건물주들이 임대료를 올리면서 상인들은 판매제품의 가격을 올려 더 높아진 임대료를 감당하려고 했다. 결국 가격 상승과 새로운 대체할 만한 카페거리의 등장, 불경기가 겹치면서 더 이상 경리단길을 찾지 않게 되었다. 높은 임대료를 감당하지 못한 기존의 상인들이 인근 해방촌으로 밀려남에 따라 경리단길 지역의 상가는 공실이 높아졌다. 여기에 프랜차이즈 등이 입점함에 따라 경리단길은 그동안 잘 지켜왔던 특유의 개성을 잃게 되었고 매력이 떨어지는 경리단길을 방문하는 관광객이 현저히 줄어드는 악순환이 반복되었다.

4) 국내외 젠트리피케이션 사례 종합정리

국내외 젠트리페케이션 사례의 발생배경과 대응방안 및 효과를 [표 10-4]와 같이 간략하게 정리하였다.

▎표 10-4 ▎ 국내외 사례의 젠트리피케이션 발생 배경과 대응방안

구분	프랑스	영국	미국	국내
젠트리피케이션 발생 배경	• 대규모 상업기능 정책 시행 • 고급 상업시설, 체인 상업시설, 대규모 단일 업종 도매상의 유입 • 소규모 상업가의 폐점 발생	• 슬럼화된 지역에 예술가, 디자이너, 창작가들의 유입 • 문화예술사업 육성을 위한 정부주도 재생사업 시작 • 기존 거주민들의 이탈 발생	• 기존 쇠락한 지역에 부동산개발업자의 투자 발생 • 외부 자본 유입에 따른 지가 및 임대료 상승 효과 • 기존 거주민들의 이탈 발생	• 지자체 주도의 도시재생 정책 시행 (성수동 구두테마역 등) • 지역상권 활성화에 따른 임대료 및 지가 폭등
주요 정책 및 대응방안	• 보호상업가로 지정(거시적 정책) • 비탈 카르티에 사업 추진(미시적 정책) • 빈 점포 활용사업 (SEMAEST)을 통한 협정과 선매권 진행 • 운영 전반 및 기술 지원을 통한 관리 지원 • 기존 임차인의 7년간 임차 유지	• 중앙정부의 해크니 프로젝트 시행 • 자치구의 IT벤처 산업 지원 및 유치 • 쇼디치개발신탁, 해크니협동조합 발전회 등 민간협동조합의 상생	• 공공주도의 정책 지원 • 근린 취약성 지수 개발(정량적 지표) • 주택수리, 담보대출 등 공급과 수요에 맞는 5개년 계획 수립 • BID산업진흥기구 지정	• 젠트리피케이션 관련 조례 제정 • 지역 상생을 위한 임대업자 및 임차인의 상생협약방안 체결
시사점	• 공공의 강력한 법적 규제 • 임대료 상승에 대한 효과적인 사전 예방책 마련 • 상업시설 저가 임대사업 모델 및 SEMAEST 벤치마킹 필요 • 지원보다 관리를 통한 젠트리피케이션 대응	• 관주도의 문화예술과 IT산업 접목을 통한 지역 활성화 • 공공의 지원을 통한 기업과 지역공동체의 협력 • 공공과 민간의 협력을 통한 지속적인 발전방안 마련	• 지표 개발을 통한 진단시스템 마련 및 젠트리피케이션 모니터링 • 공공과 민간의 협력 • BID로 징수한 세금을 다시 BID에 사용하여 공공서비스 제고	

자료: 권용봉 · 황재훈(2019) 재인용

프랑스는 대규모 개발정책을 시행하면서 고급 상업시설과 체인시설이 유입되면서 높은 임대료를 감당하지 못하는 기존의 원주민들과 소규모 상점은 밀려나는 상황이 발생하였다. 프랑스는 관련 법(또는 조례)을 제정하였고 민간의 자본과 조직도 활용하여 젠트리피케이션에 효과적으로 대응하였다. 또한 수리비용, 임대료, 융자지원 등의 실질적 비용을 지원하였다.

영국과 미국의 사례는 젠트리피케이션에 대응하기 위해 공공기관의 정책과 더불어 민간의 자본과 조직을 활용하는 것도 효과적일 수 있음을 보여준다. 영국과 미국의 사례에서는 기존 도시의 문화, 예술 분위기는 지키면서 IT산업과의 원활한 융합을 통해 독특한 분위기를 만들어내었다. 미국의 젠트리피케이션 극복방안 중에서 진단시스템을 개발하여 활용한 점은 인상적이다. 지표를 활용한 미래 예측은 지역주민의 이해와 합의에 활용할 수 있다.

국내 사례에서는 성수동에서 관련 조례를 재정하여 소상공인의 법률지원 서비스, 임대인과 임차인의 상생협약을 통해 젠트리피케이션 현상을 극복해 나가고 있다. 하지만 경리단길의 경우 젠트리피케이션의 부작용을 경험하고 있다.

참조문헌

김걸. (2007). 서울시 젠트리피케이션의 발생원인과 설명요인. **한국도시지리학회지**, 10(1), 37-49.

김상현 · 이한나. (2016). 성수동 지역의 젠트리피케이션 과정 및 특성 연구. **문화콘텐츠연구**, (7), 81-105.

권용봉 · 황재훈. (2019). 도시재생 사업과정에서의 젠트리피케이션에 관한 연구. **부동산경영**, (19), 335-352.

맹다미. (2015). **해외 젠트리피케이션 대응 사례와 시사점**. 서울연구원.

박진빈. (2018). 미국 도시재생과 젠트리피케이션: 두 도시 이야기. **학림**, 41, 41-67.

박태원. (2016). 해외의 젠트리피케이션: 대응사례와 시사점. **부동산 포커스**, 98, 37-48.

신현준 · 김지윤. (2015). 서울의 젠트리피케이션과 도시 재생 혹은 개발주의 이후 도시 공간의 모순과 경합. **사이間SAI**, 19, 221-246.

안덕초 · 김용근. (2017). 젠트리피케이션 관련 연구동향과 이해당사자 내용분석: KCI 등재 및 등재후보지를 중심으로. **문화콘텐츠연구**, (9), 65-101.

오창화 · 김영호. (2016). 공간 회귀와 공간 필터링을 이용한 서울시 젠트리피케이션의 발생 원인 및 특징 분석. **한국도시지리학회지**, 19(3), 71-86.

이정동. (2019). 도시재생사업에서 젠트리피케이션 발생 요인 분석. **한국산학기술학회논문지**, 20(10), 187-194.

조명래. (2016). 젠트리피케이션의 올바른 이해와 접근. **부동산 포커스**, 98, 49-61.

최명식. (2017). 젠트리피케이션 대응을 위한 지역 자산 공유방안. **국토정책 Brief**, (613), 1-8.

한국도시연구소(엮음). (2018). **도시재생과 젠트리피케이션**, 한울.

허자연 · 정연주 · 정창무. (2015). 상업공간의 젠트리피케이션 과정 및 사업자 변화에 관한 연구: 경리단길 사례. **서울도시연구**, 16(2), 19-33.

Palen, J. J., & London, B. (Eds.). (1984). *Gentrification, Displacement, and Neighborhood Revitalization*. Suny Press.

11장 지속가능 도시재생

1. 지속가능 발전의 개념과 특성

1) 지속가능 발전의 개념

지속가능 발전(Sustainable Development)의 본격적인 사용은 세계환경개발위원회(WCED)의 1987년 보고서[1]에서 "미래 세대가 그들의 필요를 충족시킬 능력을 저해하지 않으면서 현재 세대의 필요를 충족시키는 발전"으로 정의되며 시작하였다(지속가능발전포털).

사전적 의미에서 지속가능 발전은 환경과 상호 보완하며 환경문제를 개선하는 데 긍정적으로 작용하는 지속적 경제 성장(네이버 국어사전)을 의미한다. 이러한 지속가능 발전과 도시재생은 결국 단발성의 사업이 아닌 지속적으로 사업을 유지 및 발전시켜야 하는 것임을 알 수 있다.

2) 지속가능과 리질리언스

리질리언스(Resilience)는 라틴어 'Resilio'를 기원으로 사전적으로는 변화

1 1987년 세계환경개발위원회가 출간한 〈우리 공동의 미래(*Our Common Future*)〉를 의미한다. 이 보고서는 당시 위원장의 이름을 따서 브룬트란트 보고서(Brundtland Report)라고도 한다.

에 대응할 수 있는 시스템 능력이라고 정의할 수 있다. 리질리언스는 탄력성, 회복탄력성, 탄력복원성 등 다양하게 번역될 수 있으나 번역 표현의 한계성이 있어 번역하지 않고 원어를 그대로 사용하는 경우가 많다.

이후 분야별로 다양한 관점에서 정의되고 있다. 예를 들면 교육, 심리, 의학분야에서 리질리언스는 위기와 역경을 이겨 이전의 상태로 돌아가려는 개인 차원의 복원력(Cicchetti, 2010)이라는 의미로 사용되고 있다. 경영분야에서는 단순한 실패 극복을 넘어 기업에 심각한 해를 입힐 수 있는 환경 추세를 예상하고 적응하는 능력으로 정의하였다(Hamel & Valikangas, 2003). 방재분야에서는 재해 발생을 흡수하고 복구할 수 있는 능력으로 정의하고 있다(Timmerman, 1981). 이렇듯 다양한 정의가 사용되고 있지만 공통적으로 혼란, 스트레스, 역경과 변화 상황에서 적응하고 회복하는 능력으로 정의된다.

현대도시는 정보화, 세계화, 기후변화, 인구고령화 등 기존의 도시체계보다 다양하고 예측하기 어려운 환경에 노출되어 있다. 이는 도시의 지속가능성을 위협하는 요인으로 작용할 수 있어 도시의 리질리언스를 향상시키려는 노력이 필요한 시점이 되었다. 따라서 미래 과제를 해결하는 능력을 키우는 데 도움이 되는 포괄적인 개념으로 리질리언스를 활용해야 한다. 이러한 관점에서 최근에는 유엔의 지속가능발전목표, UN인간정주회의, 유엔재난경감국제전략기구의 센다이 프로그램 등에서 리질리언스 개념을 채택하고 있다. OECD(2014)는 리질리언스를 "지속가능한 발전과 복지 및 포괄적 성장을 위해 경제, 환경, 사회적인 충격 또는 만성적인 압력으로 인해 영향을 흡수, 복구, 적응하는 능력"으로 정의하고 있다.

도시에 적용한 리질리언스와 유사한 개념으로 지속가능성(sustainability)이 있다. 최초로 지속가능성을 도시에 적용시킨 것은 1987년 UN 산하 '환경과 개발에 관한 세계위원회(WCED: World Commission on Environment and Development)'의 브룬트란트 보고서에서 언급되었다. 이후 지속가능성에 비중을 두었다가 2000년 이후 리질리언스가 많이 활용되는 상황이 되었다.

| 표 11-1 | 지속가능성과 리질리언스 비교

구분	지속가능성	리질리언스
등장시기	1980년대 후반 이후 현재까지	2000년대 이후
근거	성장의 한계와 환경의 중요성	취약성과 변화에 대한 적응
목적	성장과 발전	지속가능성
자원 여부	현재의 가용량 유지와 개발	시스템 유지와 변화 대응
기반	형평성(equilibrium)	비형평성(non-equilibrium)
관계	지속가능성은 리질리언스의 필요조건	리질리언스는 지속가능성의 충분조건

2. 지속가능 도시재생의 계획

최근 활발하게 진행되고 있는 도시재생사업들이 물리적 환경개선에 주로 초점을 두고 지역의 특성을 충분히 고려하지 못한 단순개발에 편중되어 있다는 지적이 있다. 도시재생은 물리적 환경개선과 경제적, 문화적 부문을 모두 포함하여 도시 전체의 활력과 지속가능성을 확보하기 위한 사업이 되어야 한다. 이러한 문제를 해결하기 위해서는 지속가능성을 위한 도시재생 계획요소를 발굴하고 도시재생 초기 단계에서부터 이러한 요소들이 충분히 고려되어야 한다.

이일희와 이주형(2011)의 연구에 따르면 지속가능성을 위한 도시재생 계획요소는 상위요소 5개 부문과 하위요소 25개 요소로 구성된다. 상위요소

항목에는 경제부문, 자원 및 에너지 효율성, 도시환경부문, 교통부문, 사회문화부문이 포함된다. 도시환경부문은 물리적 환경의 개선으로 도시가 변하는 모습을 눈으로 확인시켜 줄 수 있기 때문에 도시재생의 주된 동력으로 작용한다. 도시환경부문의 요소로는 도시경관에 대한 고려, 오픈 스페이스의 확보, 녹지 및 친수공간의 조성, 토지이용의 고도화 등이 포함된다.

교통부문은 차량 중심에서 벗어나 보행자가 안심하고 거리를 다닐 수 있고, 자가용 이용률을 낮추어 도시의 대기질을 향상시킬 수 있다. 따라서 지속적인 친환경 도시를 만들어갈 수 있도록 한다는 점에서 도시재생의 지속가능성에서 중요한 요소로 작용한다. 특히 지역주민들이 쾌적하고 편안하게 이동할 수 있게 해주는 대중교통과 보행자의 안전성과 편리성이 중요하다. 교통부문은 광역교통망의 연계, 대중교통 중심의 교통체계, 보행자 중심의 도로체계 및 자전거 전용도로 시스템의 구축 등이 포함된다.

사회 · 문화부문은 도시재생사업을 추진하는 지역의 고유한 사회문화적 자산을 기반으로 그 지역을 독창적인 도시로 바꾸어 지속적인 성장을 이룰 수 있게 한다. 지역 커뮤니티 시설의 도입, 공공 및 교육시설의 확충, 역사문화자원의 복원 및 활용, 의료 · 복지시설의 확충 등이 사회 · 문화부문의 하위요소에 포함된다.

경제부문은 도시가 쇠퇴하는 가장 핵심적인 요인이 경제적인 쇠퇴 때문이라는 점에서 도시재생의 지속가능성에서 매우 중요한 요소이다. 선진국의 경우도 도시정책의 발전은 경제의 변화와 그에 따른 공간적 표현의 대응과정으로 볼 수 있다. 따라서 도시재생에서 경제정책이 매우 중요한 역할을 했다. 저소득층의 이주 및 재정착대책과 임대주택의 공급, 새로운 일자리 창출, 기존 상권에 대한 유지대책, 특화된 업종 및 시설의 육성 등이 경제부문에 포함된다.

표 11-2 지속가능성을 위한 도시재생 계획요소

항목	항목별 지표
도시환경부문	• 도시경관에 대한 고려 • 오픈 스페이스의 확보 • 녹지 및 친수공간의 조성 • 토지이용의 고도화 • 오염시설에 대한 방지대책
교통부문	• 대중교통 중심의 교통체계 • 보행자 중심의 도로체계 및 자전거 전용도로 • 환승시스템의 구축 • 광역 교통망의 연계 • 자전거 전용도로
사회 · 문화부문	• 역사문화자원의 복원 및 활용 • 의료 및 복지시설의 확충 • 공공 및 교육시설의 확충 • 지역 커뮤니티 시설의 도입 • 다양한 주택선택의 기회
경제부문	• 기존 상권에 대한 유지대책 • 특화된 업종 및 시설 육성 • 새로운 일자리 창출 • 저소득층의 이주 및 재정착대책 • 임대주택의 공급
자원 및 에너지 효율성	• 태양열 · 풍력 등 자연에너지의 적극 활용 • 에너지 효율을 고려한 설계 • 폐기물의 재처리와 쓰레기 발생 저감대책 • 건축물의 수명주기를 고려한 건축 • 열섬방지와 도시의 바람길 확보

마지막으로 현대사회는 친환경정책, 높은 에너지 효율성을 추구하는 저탄소 녹색성장을 중요시하고 있다. 따라서 도시재생의 지속적인 발전을 위해서는 자원 및 에너지 효율성은 필수적이라고 볼 수 있다. 여기에는 열섬

방지와 도시의 바람길 확보, 폐기물의 재처리와 쓰레기 발생의 저감대책, 에너지의 효율성을 고려한 설계, 태양열, 풍력 등을 이용한 자연에너지의 활용으로 구성된다.

3. 도시재생사업의 지속가능성 요인

현재의 도시재생사업은 다양한 형태로 전국적으로 추진되고 있어 도시재생의 확산 측면에서 긍정적으로 볼 수 있다. 하지만 사업 추진 동력을 위한 재원 마련의 어려움이 지속되고 있고 해당 지역의 사업 추진 역량부족으로 지속성 측면에서 어려움이 예상된다. 도시재생사업이 단기적 성과에 그치지 않고 저성장 시대의 핵심적인 도시정책으로 자리잡고 지속가능한 사업이 추진될 수 있는 정책대안 마련이 중요하다. 도시재생 추진 시 주로 사업 목표만이 강조되고 지속가능성에 대한 논의도 부족하다. 따라서 도시재생사업은 지속가능성을 확보하기 위해서는 어떤 요인이 중요한지를 파악하는 것이 필요하다.

근린재생형 도시재생사업의 지속가능성 요인에 대한 다양한 연구가 진행되었다. 국토교통부(2016) 연구는 지속적이고 안정적인 도시재생사업 추진 기반 구축을 위해 필요한 지자체 도시재생사업 추진체계 개선방안 마련을 위해 도시재생사업 참여주체 간 역할 정립, 협력방안 등 실효성 있는 거버넌스 체계 마련을 위한 연구를 진행하였다. 또한 국비지원사업의 성과 극대화, 지속적 추진을 위해 요구되는 계획수립과정, 재원확보문제, 참여주체의 역량과 거너번스 구축 등 다양한 이슈들에 대한 분석과 개선방향이 제시되었다.

표 11-3 | 도시재생사업의 지속가능성 중요요인

2차 계층 (상위계층)	1차 계층 (하위계층)	세부내용	참고문헌
계획수립 과정과 내용	여건 진단	• 물리환경, 사회경제 여건 충분한 기초조사 • 쇠퇴원인에 대한 명확한 진단 • 지역자원, 잠재력과 차별화 요소 확인	국토교통부(2016), 김재환 외(2015), 박정은(2015)
	사업 콘텐츠	• 파급효과 큰 킬러 콘텐츠 • 형식적 계획이 아닌 핵심전략이 담긴 계획 • 지역특성과 차별적 매력이 드러나는 사업	국토교통부 외(2016a), 박정은(2015)
	사업 연계성	• 장소 중심의 사업 연계 • 분야별 사업과 특성별 사업(HW, SW) 연계 • 마중물사업, 부처협업사업, 지자체 자체 사업	이왕건 외(2016), 국토교통부 외(2016b), 국토교통부 외(2016c)
	지역주체 참여	• 지역공동체 의견수렴 • 지역공동체 의견 및 대안제시 • 주민(상인) 제안 사업 발굴, 반영	국토교통부 외(2016c), 박정은(2015), 이재우(2014)
재원 조달 가능성	중앙의 지원 정도	• 중앙의 도시재생사업 지원 확보(마중물 사업) • 다양한 부처 협업사업 활용 • 주택도시기금 등 공공의 금융지원	김주진(2014), 박정은 (2015), 이왕건 외(2016), 이재우(2014)
	지자체 재정여건	• 지자체 재원, 재원의 통합운용 • 국비지원사업 지방비 매칭 여건	김주진(2014), 박정은(2015), 이왕건 외(2016), 이재우(2014)
	민간투자 여건	• 수익모델 발굴, 자금의 선순환구조 확립 • 부지 확보 부담 완화(국공유지 활용, 임대) • 규제완화(건축 · 도시계획, 행정간소화 등)	박정은(2015), 이재우(2014), 임윤우 외(2014)
사업 추진 협업체계	지자체 내부 협업	• 실무부서 간 협업, 행정협의회 원활한 운영 • 전담조직, 지원센터, 총괄계획팀 간 협업	이정옥 외(2016), 국토교통부 외(2016c)
	중앙부처 간 협업	• 장소 중심 부처사업, 예산의 연계 지원 • 사업의 세제 지원, 규제완화 위한 협업	김갑성(2016), 국토교통부 외(2016a), 우신구(2016), 이왕건 외(2016)

	민관협력	• 민간(주민, 지역공동체) 공모 · 제안 사업 추진	박정은(2015)
		• 운영위원회, 사업협의회 민간참여 등 능동적 주민협력	국토교통부(2016), 국토교통부 외(2016a), 국토교통부 외(2016c)
	사업현장 중심 협업체계	• 실질적인 현장지원센터 설치, 조직화	국토교통부(2016), 국토교통부 외(2016a), 국토교통부 외(2016c)
		• 총괄코디, 지원센터, 지역활동가, 행정전담조직 간 역할분담과 협업	국토교통부(2016), 국토교통부 외(2016a), 국토교통부 외(2016c)
지역역량	지역민의 사업이해와 참여도	• 도시재생사업 추진방식, 지원체계 등의 이해 • 주민의 자발적 참여 정도	국토교통부(2016), 국토교통부 외(2016a), 김재환 외(2015), 우신구(2016)
	지역공동체 역량	• 마을활동가 유무, 발굴육성 여건, 역량 • 주민/상인협의체 구성과 원활한 운영(갈등조성) • 공동체 소속감과 애착심, 상호 신뢰	국토교통부(2016), 국토교통부 외(2016c)
	주민참여사업 운영관리	• 운영관리 조직, 주체 유무 • 마을기업화 등 사업의 자생적 지속성 확보	국토교통부(2016), 우신구(2016)
	지자체 행정역량	• 전담조직 담당자와 조직의 안정성(인사이동) • 전담인력의 사업방식 이해도 및 협업능력 • 지자체장의 의지(우선순위, 예산확보, 갈등관리 등)	국토교통부(2016), 국토교통부 외(2016c), 이재우(2014)
	도시재생 지원센터	• 인력의 전문성과 신분 안정성 • 예산(운영비와 사업비 등), 자생적 성장 여건 • 행정조직과의 관계(상호 지원, 독립성)	국토교통부(2016), 우신구(2016)

도시재생 사업의 흐름과 추진 현황을 정리하고 지속가능한 도시재생사업추진을 위해 고려해야 할 사항들을 정리하거나(박정은, 2015), 근린형 도

시재생사업의 지속가능 조건을 검토하고 선도지역 사례분석을 통해 도시재생사업의 협업 수준을 진단하고 방향을 제시하기도 하였다.

이처럼 기존 연구에서는 도시재생사업의 대상지 선정, 계획수립과 사업 추진을 위한 지자체, 주민, 도시재생지원센터 등 다양한 주체 간 협업 등 원활한 사업 추진을 위한 단계별 이슈들을 분석했다. 그러나 복잡한 도시재생 사업의 추진과정과 오랜 사업기간을 고려할 때, 이제 본격화되고 있는 공공주도 도시재생사업의 지속가능성을 높이기 위해서는 도시재생사업 지속가능성 정책요인의 중요도를 감안한 효율적인 지원체계와 제도개선이 필요하다. 지금까지 연구된 지속가능한 도시재생사업의 중요요인들을 정리하면 다음과 같다.

그림 11-1 | 도시재생사업 지속가능성 요인의 중요도

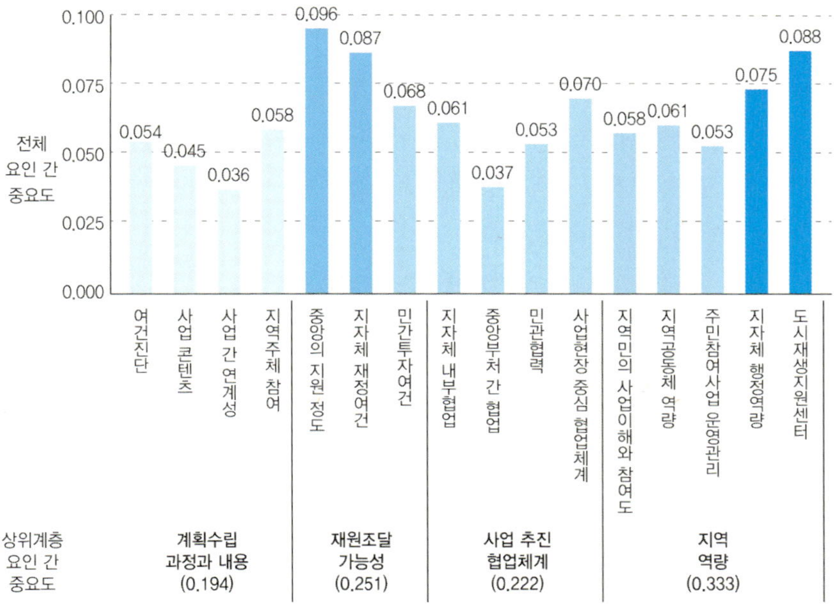

계획수립과정과 내용에서부터 지역역량까지 중요도의 요소는 다양하다. 하지만 이들 항목별 중요도는 상이하다. 김호철(2017) 연구에 따르면 지역역량이 가장 중요한 지속가능요인으로 나타났고 재원조달 가능성, 사업 추진 협업체계, 계획수립과정과 내용의 순으로 나타났다. 따라서 도시재생사업은 다양한 주체의 협업과 공공지원, 지역에 적합한 계획수립도 중요하지만 지속가능한 도시재생사업을 추진하기 위해서는 무엇보다 지역역량이 갖추어져야 함을 보여준다. 이 중에서도 도시재생지원센터의 중요성이 높게 나왔고, 지자체 행정역량, 지역공동체 역량 등이 지속가능한 도시재생사업에서 중요한 것으로 나타났다.

지속가능한 도시재생사업은 지역주민, 지역조직, 행정담당자와 지자체장 등 다양한 주체들의 역량과 의지, 상호 신뢰가 중요하다. 사업계획 수립, 재원마련, 행정의 협업체계 구축도 중요하지만 지역역량은 단기간에 강화하는 것이 쉬운 일이 아니므로 사업 준비단계에서부터 사업이 진행되는 단계에서도 지속적으로 관심을 가지고 지역역량개발을 고민해야 한다. 또한 재원의 확보가 중요한데 기반시설 및 생활편의시설 구축, 공동체 활성화 등의 사업에 필요하며 도시재생의 지속적인 추진을 위해 필요하다.

재원조달 관련 항목에서는 중앙의 지원 정도가 가장 중요한 요인으로 파악되었고 그 다음으로 지자체 재정여건이 중요한 것으로 나타났다.

참조문헌

김호철. (2017). AHP 분석을 통한 지속가능한 도시재생사업의 중요요인 분석 연구: 근린재생형 도시재생사업을 중심으로. **한국지역개발학회지**, 29(3), 201-216.

안재섭. (2011). 도시재생의 지속가능성에 관한 연구. **한국사진지리학회지**, 21(3), 125-137.

오광석. (2021). **지속가능한 도시재생과 사회적 자본으로서의 가치**(창조적 도시재생 시리즈 101). 국토연구원.

이규인 · 이장욱. (2009). 지속가능한 도시재생의 주요과제와 계획목표 설정 및 단계적 추진모델 개발 연구. **대한건축학회 논문집-계획계**, 25(4), 217-225.

이규인 · 이장욱. (2010). 지속가능한 도시재생의 추진전략수립 연구: 전문가 및 수도권 주민의 설문조사를 중심으로. **대한건축학회 논문집-계획계**, 26(3), 141-149.

이일희 · 이주형. (2011). 지속가능성을 위한 도시재생 계획요소에 관한 연구. **한국도시설계학회지-도시설계**, 12(6), 101-114.

이혜주 · 서리인. (2014). 뉴욕 하이라인(High Line) 공원에 나타난 지속가능한 도시재생에 관한 연구. **지속가능연구**, 5(3), 1-21.

전경숙. (2009). 지속가능한 도시 재생 관점에서 본 광주광역시 폐선부지 푸른길공원의 의의. **한국도시지리학회지**, 12(3), 1-13.

전경숙. (2014). 미국 텍사스주 러벅시의 도시 구조와 지속가능한 도시 재생. **한국경제지리학회지**, 17(4), 848-863.

지속가능발전포털 홈페이지 (http://ncsd.go.kr/)

INDEX

찾아보기

[저자 약력]

김학조

- 강원대학교 경영학 박사
- (국토부) 도시재생 뉴딜 총괄코디네이터 과정수료
- (전) 국가균형발전위원회 규제혁신전문위원
- (현) 국가균형발전위원회 상위평가위원
  영월군도시재생지원 센터장

[저서 및 논문]

- 지나온 10년 다가올 10년(영월군, 영월군도시재생센터)
- SSCI-Does National Distance Affect Different Industries in Different Ways? A Test of the Ghemawat CAGE Mode(Journal of Korea Trade, 2019)
- The role of national distance in international business : a review from 1980 to 2017(Review of International Business and Strategy, 2020)
- 로컬푸드 소비자의 문화가치관이 구매의향에 미치는 영향(한국로고스경영학회, 2022) 외 17편

권종욱

- 고려대학교 대학원(경영학 박사)
- (전) 한국국제경영관리학회 회장(22대)
- (현) 강원대학교 경영학과 교수
  강원대학교 경영대학장

[연구실적]

- 100가지 사례로 이해하는 글로벌경영 CASE 100, 청람, 2011. 8.(3인 공저)
- 경영학원론: 핵심정리와 사례, 범한, 2018. 8.
- 배낭여행으로 탐험하는 일본 일류기업, 청람, 2014. 6.
- Global Business: connecting theory to reality, Routledge, 2017. 4. 30.
- 국제인사관리, 국제비교경영 분야의 논문 100여 편을 국내외 저널에 게재

허지현

- 요코하마국립대학교 경제학 박사
- (전) 강원대학교 강사
- (현) ㈜트리마란 재직

[연구실적]

- SSCI-Does National Distance Affect Different Industries in Different Ways? A Test of the Ghemawat CAGE Mode(Journal of Korea Trade, 2019)
- FDI 및 National Distance 주제 관련 논문을 국내외 저널에 게재

도시재생의 현황과 방향

영월 도시재생사업의 미래

2022년 12월 26일 1판 1쇄 인쇄
2022년 12월 30일 1판 1쇄 발행

저 자 | 김학조 · 권종욱 · 허지현

발행인 | 이수영
발행처 | 도서출판 청람
서울시 마포구 독막로 288(대흥동, 세양상가 109호)
전 화 | 02)3272-2601~2
팩 스 | 02)3272-2603
이메일 | crbooks@daum.net
홈페이지 | http://www.crbooks.co.kr
등 록 | 2000년 8월 26일 제6-0509호

ISBN 978-89-5972-909-8 93320 [정가 20,000원]

이 연구는 2022년도 강원랜드 폐광지역 도시재생 사업비를 지원받아 수행된 연구임